실용 미용 중국어

实用美容汉语

강태월 저

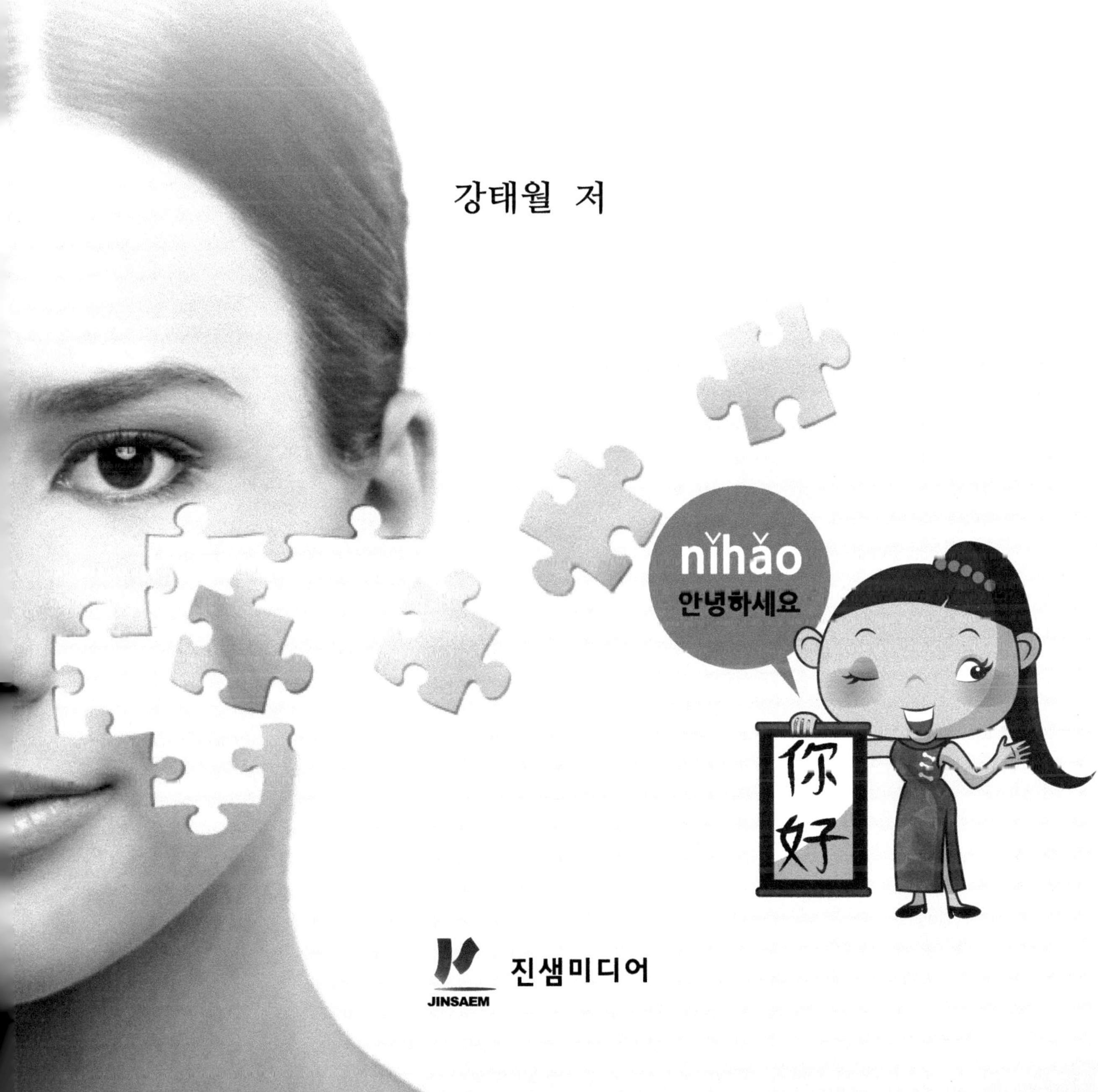

JINSAEM 진샘미디어

머리말

최근 중국에 대한 관심이 높아지면서 중국어를 배우려는 사람들이 급증하고 있습니다. 많은 중국어 학습 교재들이 출시되고 있으나, 미용 관련 중국어 교재가 많지 않아 미용중국어에 관심있는 중국어 학습자들이 마땅한 교재를 선택하기 힘든 실정입니다. 이에 미용중국어 학습자들에게 조금이나마 도움을 주고자, 지난 수년간 대학 및 학원에서 강의를 해온 경험을 바탕으로 실생활에서 즉시 활용할 수 있는 표현을 위주로 구성한 〈미용중국어〉를 출판하게 되었습니다.

본 교재는 미용중국어 학습자들을 위해 중국인이 직접 편찬한 교재입니다. 중국에서 출판된 책을 번역한 교재는 모든 외국인을 대상으로 한 것이므로 미용 관련 중국어 표현이 거의 없으며 한국인에게 불필요한 설명이 많거나, 한국인이 잘 이해하지 못하는 부분에 대한 자세한 설명이 없습니다. 또 문법 설명 위주의 내용으로, 정작 실생활에서 활용하기 힘든 표현으로 구성된 경우도 종종 있습니다. 이러한 문제점을 보안하기 위해 중국에서 직접 사용하는 생생한 중국어 표현으로 본문을 구성했으며, 미용 관련 용어를 최대한 많이 다루려고 노력했습니다. 미용 관련 전문용어를 보충단어로 정리하여 제공하는 등 초보자들이 기초중국어와 미용중국어를 동시에 접할 수 있도록 하였습니다. 이해하기 어려운 부분에 대한 문법은 한국인에게 맞게 체계적이고 쉽게 설명하였고 상황에 맞는 재미있는 표현으로 처음 중국어를 배우는 사람들이 흥미를 가질 수 있는 내용으로 꾸몄습니다.

〈미용중국어〉와 함께라면 중국어를 처음 접하는 학습자들도 쉽고 재미있게 미용 중국어 공부를 시작할 수 있습니다. 이 책의 마지막 페이지를 덮는 순간 어느 정도 유창한 중국어를 구사할 수 있는 여러분이 되길 바랍니다.

저자 강태월

목차

이 책의 구성과 학습방법

1 발음편

발음과 성조를 혼자서도 익힐 수 있도록 많은 예를 들어 중국어의 기초를 다질 수 있다.

2 새 단어

본문 학습 전에 테이프를 듣고 발음과 성조를 연습하며 단어의 뜻을 정확하게 알 수 있다.

3 본문

기존 회화 교재의 교과서적인 표현을 버리고 중국인과의 대화에서 실제 사용할 수 있는 일상회화를 중심으로 구성하였다. 또 원문 아래 병음을 달아 입문자도 쉽게 학습할 수 있다.

4 문법

본문의 내용 중 중요한 문형이나 어려운 문장에 대해 자세하게 설명하고 쉬운 예문을 제시하여 본문에 대한 이해를 돕도록 했다.

5 문형연습

본문의 문장 중 중요한 기본 문형을 중심으로 문장을 반복 연습함으로써 기본 문형을 익히도록 한다.

6 보충단어

문형연습에서 추가되는 새로운 단어를 익힘으로써 어휘력 향상에 도움이 되도록 했다.

7 연습문제

본문 내용에 대한 이해를 체크하고 동시에 배운 중국어를 활용할 수 있도록 구성했다.

8 표현 익히기

중국과 관련된 상식이나 정말 많이 쓰는 중국어 표현을 재미있게 구성한 것으로, 중국어 학습의 재미를 높일 수 있다.

제 1 과

중국어의 특징 및 발음

중국어란?

'중국어'란 중국에서 한족(汉族 Hànzú)의 언어를 뜻하는 '한어(汉语 Hànyǔ)'에서 유래된 언어입니다. 중국은 다민족 국가로 한 나라 안에서 여러 언어가 쓰이고 있습니다. 우리가 배우고 있는 중국어는 표준중국어인 '보통화(普通话 pǔtōnghuà)'입니다. 보통화는 북방 방언을 기초로 북경음을 표준발음으로 하고 있으며 현대 백화문(白话文 báihuàwén)으로 쓰인 작품의 문법을 바탕으로 이루어졌습니다.

간체자: 중국에서 쓰는 한자

현재 중국에서는 우리나라에서 쓰는 한자와 다른 간체자 사용합니다. 중국정부는 1956년부터 국민들에 대한 한자보급율 향상을 위하여 약 2,200여 개 글자의 획수를 줄여 간략하게 만들었습니다. 이렇게 획수가 줄어 사용이 간편해진 한자를 '간체자(简体字 jiǎntǐzì)'라고 하고, 획수가 복잡한 기존의 한자를 '번체자(繁体字 fántǐzì)'라고 합니다. 중국 대륙에서는 간체자를 사용하고, 타이완(대만)과 홍콩등 기타 중화권에서는 번체자를 사용합니다.

중국		
中國	→	中国
번체자		간체자

한어병음방안: 중국어 발음 표기법

중국어에서는 뜻글인 한자를 발음으로 표기할 '한어병음방안(汉语拼音方案 hànyǔpīnyīnfāngàn)'을 마련하였습니다. 한어병음방안에서는 알파벳으로 발음을 표시하고, 그 위에 성조를 나타내는 기호를 붙입니다.

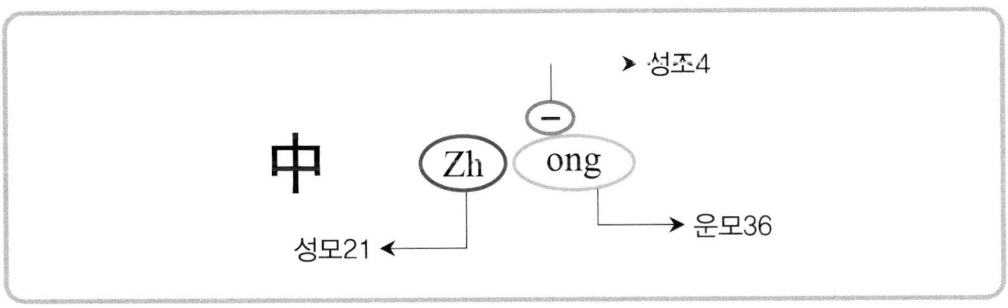

성조(声调 shēngdiào)는 4성구조로 되어있습니다.

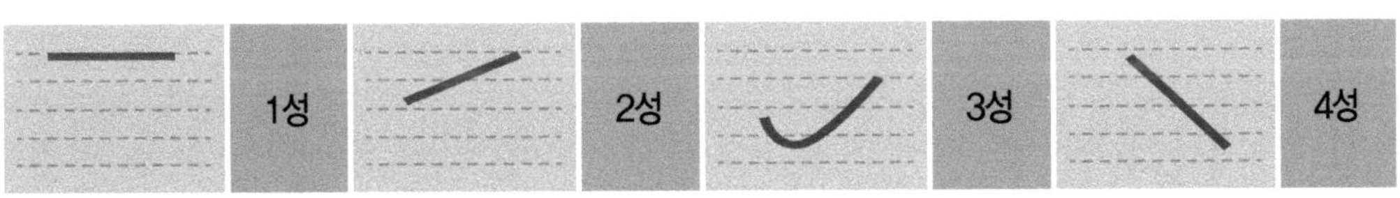

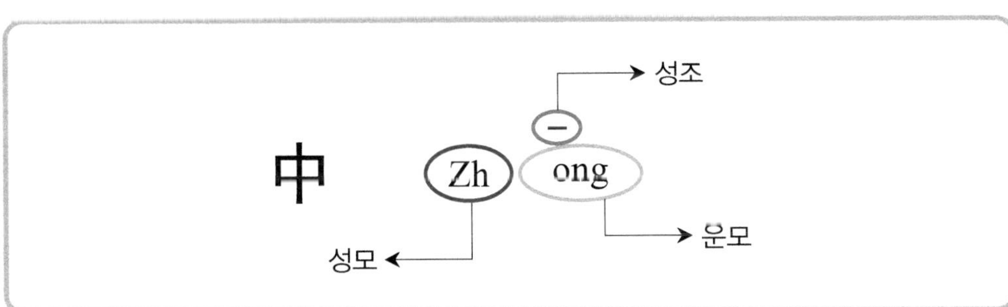

중국어는 음절마다 성조를 갖고 있어서, 동일 발음의 음절도 성조가 다르면 의미도 다릅니다. 표준 중국어에는 기본적으로 1성, 2성, 3성, 4성 네 가지 성조가 있는데 이것을 4성구조라고 합니다. 그리고 경성이 있습니다.

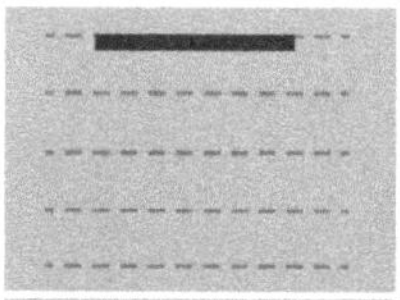	1성	처음부터 끝까지 높은 음을 유지합니다. 예 mā 妈 엄마
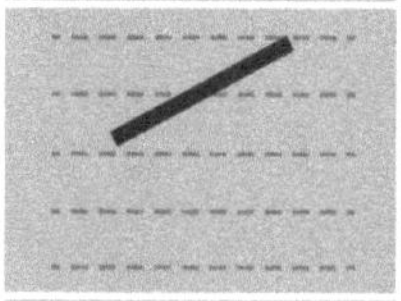	2성	중간 음에서 시작했다가 높은 음까지 빨리 올립니다. 예 má 麻 삼베
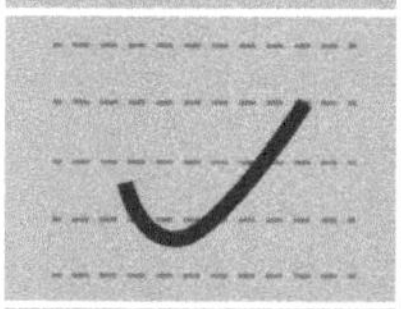	3성	낮음 음에서 시작하여 더 낮은 음으로 내린 뒤 살짝 끝을 올립니다. 예 mǎ 马 말
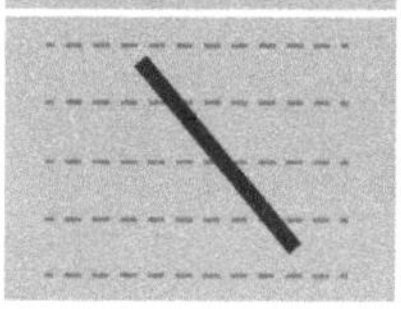	4성	높은 음에서 낮은 음으로 강하게 내립니다. 예 mà 骂 욕하다

원래 갖고 있던 성조가 생략되고 가볍고 짧게 내는 소리를 '경성'이라고 합니다. 경성은 항상 성조 표시를 하지 않으며 다른 성조의 뒤에 옵니다.

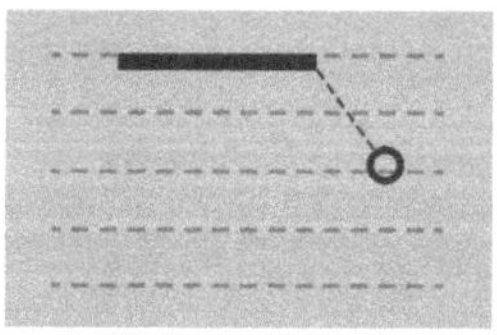	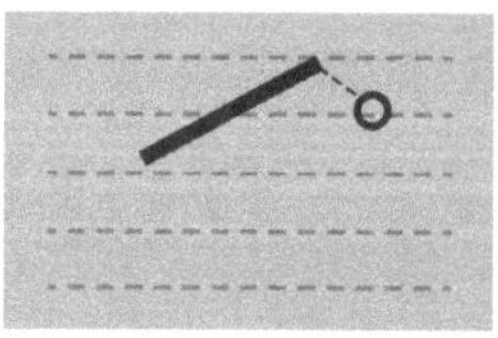	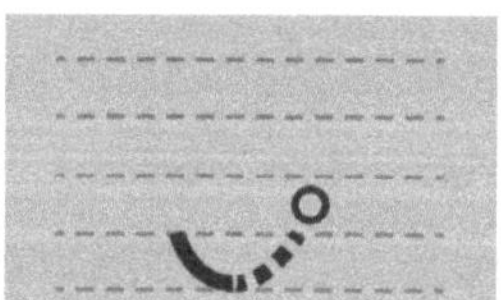	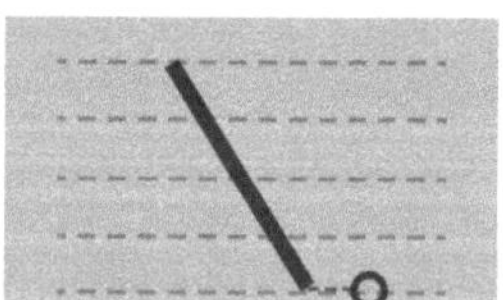
māma 妈妈 엄마	yéye 爷爷 할아버지	nǎinai 奶奶 할머니	bàba 爸爸 아빠

중국어 어법의 주요 특징

중국어의 어법적 특징은 매우 다양하지만, 한국인들이 느끼는 가장 뚜렷한 두 가지 특징은 어순과 형태변화입니다. 아래의 간단한 예문을 통해서 가볍게 살펴 보겠습니다.

예문

나는 그를 사랑한다.	그는 나를 사랑한다.
我爱他。	他爱我。
I love him.	He loves me.

중국어발음

❶ 성모와 운모

중국어는 알파벳을 사용하여 발음을 표기합니다. 그런데 같은 알파벳이라도 영어와는 발음이 다른 경우가 많아 중국어 발음을 따로 외워야 합니다.

(1) 성모(声母 shēngmǔ)

우리말의 자음과 비슷합니다. 성모는 음절의 앞부분에 옵니다.

b	p	m	f
d	t	n	l
g	k	h	
j	q	x	
z	c	s	
zh	ch	sh	r

성모: 한국어의 자음에 해당하며 21개의 음으로 구성되어 있다.

b(bo)	p(po)	m(mo)	f(fo)
d(de)	t(te)	n(ne)	l(le)
g(ge)	k(ke)	h(he)	
j(ji)	q(qi)	x(xi)	
z	c	s	
zh	ch	sh	r

b p m	입술을 동그랗게 붙였다 떼면서 [뿌우어], [푸우어], [므우오]하고 발음한다.
f	윗니를 아랫입술에 가볍게 붙였다 떼면서 [포어]하고 발음한다.
d t n l	혀끝을 윗니의 뒤쪽에 붙였다 떼면서 [뜨으어], [트으어], [느으어], [르으어]하고 발음한다. [느으어]는 콧소리가 섞여 난다.
g k h	혀뿌리 부분에서 소리를 끌어올려 [끄으어], [크으어], [흐으어]라고 발음한다.
j q x	입을 옆으로 벌리고 혀의 앞면을 입천장 안쪽에 살짝 대었다 떼면서 [지], [치], [시]하고 발음한다.
z c s	혀끝을 윗니와 아랫니 사이에 놓고 [쯔], [츠], [쓰]하고 발음한다. 이 사이로 바람이 새 나가는 소리가 난다.
zh ch sh r	혀끝을 살짝 들어올려 [즈], [츠], [스], [르]하고 발음한다.

(2) **운모(韵母 yùnmŭ)**

① 운모: 한국어의 모음에 해당하며 중국어 음절표기할 때 꼭 있어야 할 부분이다.

② 가장 기본적인 6개의 운모: a o e i u

a	입을 크게 벌리고 혀를 낮게 하여 [아]하고 발음한다.
o	입을 동그랗게 오므려 [오]하고 발음하였다가 자연스럽게 입술의 힘을 빼 [어]라는 소리와 결합해 [오어]하고 발음한다.
e	[으]에 가까운 소리에서 시작해 입을 반쯤 벌려 [어]하고 발음한다.
i	입꼬리를 잡아당기듯이 하여 [이]하고 발음한다.
u	입꼬리를 잡아당기듯이 하여 [이]하고 발음한다.
ü	입을 둥글게 모으고 [위]하고 발음한다.
er	e를 발음하는 상태에서 혀를 앞으로 내밀어 혀끝이 경구개에 닫게 [얼]하고 발음한다.

ai	[아]로 시작하여 [아이]하고 발음한다.
ei	[에]로 시작하여 [이]하고 입을 오므려 [에이]하고 발음한다.
ao	[아]로 시작하여 [오우]하고 입을 오므려 발음하며 [아오우]에 가깝게 들리게 발음한다.
ou	입을 동그랗게 오므려 [어우]에 가깝게 들리게 발음한다.
an	[아]하고 소리를 내다가 혀끝을 윗잇몸에 붙이면서 [안]하고 발음한다.
en	[어]하고 소리를 내다가 혀끝을 윗잇몸에 붙여 [언]하고 발음한다.
ang	입을 크게 벌린 채 [앙]하고 콧소리가 섞인 발음을 한다.
eng	[어] 비슷한 소리를 내다가 [엉]하고 콧소리가 섞인 발음을 한다.
ong	입술을 동그랗게 오므려 [옹]하고 발음한다.

ia	[이]로 시작하여 [이야]하고 발음한다.
ie	[이]로 시작하여 [이예]하고 발음한다.
iao	[이아]로 발음하다가 [이야오]하고 발음한다.
iu	[이어]로 발음하다가 [우]하고 입을 오므려 [이여우]하고 발음한다.

ian	[이앤]하고 발음한다.
in	[인]하고 발음한다.
iang	[이앙]하고 발음한다.
ing	[잉]하고 발음한다.
iong	[이옹]하고 발음한다.

ua	[우아]하고 발음한다.
uo	[우오]하고 발음한다.
uai	[우아이]하고 발음한다.
ui	[웨이]하고 발음한다.

uan	[우완]하고 발음한다.
un	[우원]하고 발음한다.
uang	[우왕]하고 발음한다.

üe	[위에(웨)]하고 발음한다.
üan	[위앤]하고 발음한다.
ün	[윈]하고 발음한다.

발음기호 표기규칙

(1) **운모만 단독으로 음절을 이루면 표기규칙이 다음과 같다.**

① i→yi　u→wu　ü→yu

② ia, ie, iao, iou, ian, <u>in</u>, iang, <u>ing</u>, iong

→ ya, ye, yao, you, yan, <u>yin</u>, yang, <u>ying</u>, yong

③ ua, uo, uai, uei, uan, uen, uang, ueng

→ wa, wo, wai, wei, wan, wen, wang, weng

④ üe, üan, ün → yun, yuan, yun

(2) ü, üe, üan, ün**는** j, q, x**와 결합되면, 표시할 때** ü **위의 두 점은 생략된다.** j, q, x**는** u**와 결합한 발음은 원래 없어서** jü , qü , xü**를** ju, qu, xu**로 표기해도 혼농늘 일으킬 염려가 없기 때문이다.**

예 jǔ, qun, xun

(3) iou(-iu), uei(-ui), uen(-un)

iou → you

예 jiāyóu 加油 liù 六 l + iou → liou → li u → liu

uei → wei

예 wēixiào 微笑 duì 对 d + uei → duei → du i → dui

uen → wen

예 wēnnuǎn 温暖 hūn 婚 h + uen → huen → hu n → hun

(4) ‘zhi, chi, shi, zi, ci, si, ri’이 7개 발음은 발음할 때 ‘i’ 발음을 무시하고 그냥 성모의 발음만 따라서 한다.

예 zhīdào lǎoshī cídiǎn

성조표기법

(1) 항상 모음 위에다 표시: mā 妈

(2) ‘a’가 있으면 ‘a’위에다 표시: māo 猫, bái 白

(3) ‘a’가 없으면 그 다음 순서의 모음 ‘o’에다 표시: zǒu 走

(4) ‘i’, ‘u’는 마지막 모음 위에다 표시: liù 六, duì 对

(5) 경성은 성조를 표기하지 않음: māma 妈妈, xièxie 谢谢

발음 연습-1

단어	한자	뜻	단어	한자	뜻
mǎi	买	사다	mài	卖	팔다
mèimei	妹妹	여동생	fēijī	飞机	비행기
nǎinai	奶奶	할머니	lǎoshī	老师	선생님
dàlóu	大楼	빌딩	niú	牛	소
liù	六	여섯	duì	对	맞다
rèliè	热烈	열렬하다	háizi	孩子	아이

발음 연습-2

단어	한자	뜻	단어	한자	뜻
kěkǒu kělè	可口可乐	코카콜라	qìshuǐ	汽水	사이다
jiějie	姐姐	언니	ròu	肉	고기
zúqiú	足球	축구	zuì	最	가장
xuéxí	学习	공부하다	zǒu	走	걷다
chūchāi	出差	출장가다	xiūxi	休息	휴식하다
chǎofàn	炒饭	볶음밥			

발음 연습-3

단어	한자	뜻	단어	한자	뜻
màn	慢	느리다	nán	难	어렵다
mǐfàn	米饭	쌀밥	tǎolùn	讨论	토론
bàngqiú	棒球	야구	shùlín	树林	숲
pàng	胖	뚱뚱하다	láng	狼	늑대
péngyou	朋友	친구	lóng	龙	용
míngzi	名字	이름	gǎnxiè	感谢	감사하다

발음 연습-4

단어	한자	뜻	단어	한자	뜻
hànyǔ	汉语	중국어	tōngxùn	通讯	통신
jiéhūn	结婚	결혼하다	gāngqín	钢琴	피아노
kùnnan	困难	곤하다	shēntǐ	身体	몸
kōngqì	空气	공기	zhǔnbèi	准备	준비하다
dǎgōng	打工	아르바이트하다	shàngkè	上课	수업하다

제 2 과

你好!

nǐ hǎo!

(안녕하세요!)

새 단어

1	你	nǐ	대 너, 자네, 당신
2	好	hǎo	형 좋다, 잘 지내다, 건강하다
3	您	nín	대 당신, 你의 높임말
4	美容师	měiróngshī	명 미용사
5	忙	máng	형 바쁘다
6	顾客	gùkè	명 고객
7	很	hěn	부 매우, 정말
8	多	duō	형 많다
9	妈妈	māma	명 엄마
10	吗	ma	조 의문조사
11	她	tā	대 그녀
12	再见	zàijiàn	헤어질 때 쓰는 인사말
13	明天	míngtiān	명 내일
14	见	jiàn	동 만나다

본문

A	您好! nín hǎo!	안녕하세요!
B	您好! 美容师! nín hǎo! měiróngshī!	안녕하세요! 미용사님!
A	您忙吗? nín máng ma?	바쁘신가요?
B	顾客很多, 我很忙。 gùkè hěnduō, wǒ hěnmáng.	손님이 아주 많아서 무척 바빠요.
A	你妈妈好吗? Nǐ māma hǎo ma?	어머니 잘 계신가요?
B	她很好。 Tā hěn hǎo.	잘 계셔요.
A	再见! Zàijiàn!	또 봐요!
B	明天见! Míngtiān jiàn!	내일 봐요!

이것만은 알아두자

◎ **제3성의 성조 변화**

부정을 나타내는 '不'는 원래 제4성이지만, 뒤에 제4성인 단어가 오면 제2성으로 읽는다.

- 你好! 제3성+제3성 (nǐ hǎo!) ⇒ 제2성+제3성 (ní hǎo!)
- 很好。 제3성+제3성 (hěn hǎo) ⇒ 제2성+제3성 (hén hǎo)

문법

❶ 중국어의 인사말

(1) 만날 때 하는 인사말

① 你好!	안녕!
② 您好!	안녕하세요!
③ 老师好!	선생님 안녕하세요!

(2) 헤어질 때 하는 인사말

① 再见!	안녕!
② 明天见!	내일 보자!

❷ 吗

문장 끝에 '吗'를 써서 의문문을 만든다.

① 她好吗?	그녀는 잘 있니?
② 妈妈好吗?	엄마는 잘 계시죠?

문장구조 체크!

- 吗를 쓰는 의문문 ⇒ 주어 + 술어 + 吗?

문형연습

❶ 您早! 안녕! (아침인사)

❷ A: 谢谢。 고맙습니다.

B: 不客气。 아니예요.

❸ A: 对不起。 비안합니다.

B: 没关係。 괜찮습니다.

❹ 走好! 안녕히 가세요! / 잘 가!

❺ 请慢走! 살펴가세요!

보충단어(인사말과 숫자)

你早	nǐzǎo	아침인사
谢谢	xièxie	고맙습니다, 감사합니다
不客气	búkèqi	아니예요, 뭘요(谢谢에 대한 대답)
对不起	duìbuqǐ	미안합니다, 죄송합니다
没关系	méiguānxi	괜찮습니다
走好	zǒuhǎo	안녕히 가세요, 잘 가
慢走	mànzǒu	살펴가세요

一	二	三	四	五	六	七	八	九	十	0(零)
yī	èr	sān	sì	wǔ	liù	qī	bā	jiǔ	shí	líng

미용단어

美容店	měiróngdiàn	명 미용실
理发店	lǐfàdiàn	명 이발소
保健按摩院	bǎojiànànmóyuàn	명 안마시술소
洗脚屋	xǐjiǎowū	명 발마사지업소
理发师	lǐfàshī	명 이발사
价目表	jiàmùbiǎo	명 가격표

연습 문제

1 다음 대화를 완성하세요.

① A：你好!

B：＿＿＿＿＿＿＿＿＿＿＿＿＿＿＿＿

② A：美容师, 您好!

B：＿＿＿＿＿＿＿＿＿＿＿＿＿＿＿＿

③ A：谢谢!

B：＿＿＿＿＿＿＿＿＿＿＿＿＿＿＿＿

④ A：对不起。

B：＿＿＿＿＿＿＿＿＿＿＿＿＿＿＿＿

⑤ A：再见!

B：＿＿＿＿＿＿＿＿＿＿＿＿＿＿＿＿

2 '吗'를 사용하여 의문문을 만드세요.

① 你好!

➜ ＿＿＿＿＿＿＿＿＿＿＿＿＿＿＿＿

② 她很忙。

➜ ＿＿＿＿＿＿＿＿＿＿＿＿＿＿＿＿

③ 我妈妈很好。

➜ ＿＿＿＿＿＿＿＿＿＿＿＿＿＿＿＿

④ 我很忙。

➜ ______________________________

⑤ 美容师很好。

➜ ______________________________

제 3 과

发型很漂亮。

fàxíng hěn piàoliang.

(헤어스타일이 아주 예뻐요!)

새 단어

1	累	lèi	형 피곤하다
2	不	bù	부 부정을 나타내는 부사
3	呢	ne	조 의문조사
4	饿	è	형 배고프다
5	也	yě	부 도
6	今天	jīntiān	명 오늘
7	发型	fàxíng	명 헤어스타일
8	漂亮	piàoliang	형 아름답다
9	昨天	zuótiān	명 어제
10	烫发	tàngfà	동 머리를 파마하다
11	了	le	조 완료를 나타냄
12	时尚	shíshàng	형 명 세련되다, 패션
13	太	tài	부 너무
14	不太	bú tài	그다지 …하지 않다, 별로 …하지 않다
15	开心	kāixīn	형 기분좋다

본문

A	妈妈, 辛苦了! māma xīnkǔ le!	엄마, 수고하셨어요!
	您累吗? nín lèi ma?	피곤하세요?
B	我不累。你饿吗? wǒbúlèi。nǐèma?	난 피곤하지 않아. 너 배고프니?
A	我不饿。 wǒbúè.	저 배 안고파요.
	妈妈, 今天发型很漂亮! māma, jīntiān fàxíng hěnpiàoliang!	엄마, 오늘 헤어스타일이 아주 예뻐요!
B	真的? 昨天烫发了。 zhēnde zuótiān tàngfà le.	정말? 어제 파마했어.
A	很时尚! hěn shíshàng!	아주 멋있어요.
B	妈妈今天很开心! māma jīntiān hěn kāixīn!	엄마는 오늘 아주 기분좋구나.

이것만은 알아두자

◎ '不'의 성조 변화(1)

부정을 나타내는 '不'는 원래 제4성이지만, 뒤에 제4성인 단어가 오면 제2성으로 읽는다.

- 不好 bù hǎo
- 不饿 bú è
- 不累 bú lèi
- 不太好 bú tài hǎo

문법

❶ 형용사 표현법

(1) '주어+형용사' 문형을 '형용사 술어문'이라고 한다.

① 她很好。 그녀는 잘 있습니다.

② 美容师很累。 미용사는 피곤하십니다.

③ 妈妈很饿。 엄마는 배가 아주 고파요.

(2) 부정 – 주어+不+형용사

① 她不忙。 그녀는 바쁘지 않아요.

② 美容师不累。 미용사는 피곤하지 않아요.

③ 妈妈不饿。 엄마는 배고프지 않아요.

(3) 의문 – 주어+형용사+吗

① 她好吗? 그녀는 잘 있습니까?

② 美容师累吗? 미용사는 피곤하십니까?

③ 妈妈不饿吗? 엄마 배고프지 않나요?

❷ 了

동사 뒤에 혹은 문장끝에 동태조사 '了'를 사용하여 동작의 완료를 나타내거나 강조의 뜻을 나타낸다.

① 妈妈烫发了。　　엄마 파마했어.

② 你来了!　　너 왔구나!

❸ 太

(1) '太'는 정도부사로서 형용사 앞에 위치하여 정도를 나타낸다.

① 我太累。　　나는 너무 피곤해.

② 美容师太忙。　　미용사는 너무 바쁘십니다.

③ 太辛苦了。　　너무 수고많아요.

(2) '不太'는 '그다지 …하지 않다', '별로 …하지 않다'라는 의미이다.

① 我不太忙。　　나는 별로 바쁘지 않다.

② 妈妈不太累。　　엄마는 별로 피곤하지 않다.

중요 어순 체크!

◎ 형용사 술어문

- 긍정 ⇒ 주어 + 형용사 술어.
- 부정 ⇒ 주어 + 不 + 형용사 술어.
- 의문 ⇒ 주어 + 형용사 술어 + 吗?

문형연습

❶ 你忙吗?

美容师 饿
你妈妈 累
爸爸 高

❷ 我不忙。

爸爸 高
他 忙
她 好

❸ 我很忙。

她 饿
她 累
他 高

❹ 我太忙。

妈妈 忙
书 多
哥哥 高

❺ 我不太忙。

顾客　多

爸爸　饿

老师　累

보충단어(형용사)

漂亮	piàoliang	예쁘다
帅	shuài	멋있다
精神	jīngshen	잘생기다, 활기차다
可爱	kěài	귀엽다
幽默	yōumò	유머스럽다
酷	kù	멋지다
高	gāo	키가 크다, 높다
大	dà	크다
小	xiǎo	작다
苗条	miáotiáo	날씬하다
饿	è	배고프다
渴	kě	갈증나다
困	kùn	졸리다

미용단어

皱纹	zhòuwén	명 주름
青春痘	qīngchūndòu	명 여드름
黑痣	hēizhì	명 사마귀
雀斑	quèbān	명 주근깨
瘊子	hóuzi	명 사마귀, 혹

연습 문제

1 아래의 단어를 중국어로 발음하면서 한자병음(발음기호)를 써보세요.

今天	漂亮
昨天	发型
饿	累
也	不太

2 '不'의 성조를 표시하세요.

(　　　) 不 忙	(　　　) 不太高
(　　　) 不饿	(　　　) 不好
(　　　) 不累	(　　　) 不辛苦

3 괄호 안에 알맞은 단어를 쓰세요.

① 爸爸(　　　)饿。	매우
② 发型很(　　　)	예뻐요
③ 我(　　　)(　　　)累。	그다지 …지 않다
④ 妈妈(　　　)太累。	부정

4 다음 우리말을 중국어로 옮기세요.

① 난 배고파요.

➜ ______________________________

② 미용사님, 수고하셨습니다.

➜ ______________________________

③ 피곤하니?

➜ ______________________________

④ 별로 피곤하지 않아.

➜ ______________________________

⑤ 헤어스타일 아주 예뻐요.

➜ ______________________________

표현 익히기

✱ 인사말에 많이 쓰이는 好

① 你好!
Nǐhǎo!
안녕하세요!

② 老师好!
Lǎoshī hǎo!
선생님, 안녕하세요!

③ 大家好!
Dàjiāhǎo!
여러분, 안녕하세요!

④ 早上好!
Zǎoshanghǎo!
아침 인사

⑤ 下午好!
Xiàwǔhǎo!
오후 인사

⑥ 晚上好!
Wǎnshanghǎo!
저녁 인사

⑦ 走好!
Zǎuhǎo!
살펴 가세요.

제 4 과

妈妈是美容师。

māma shì měiróngshī.

(엄마는 미용사야.)

새 단어

1	是	shì	동 …이다
2	哪	nǎ	대 어느
3	韩国人	Hánguórén	명 한국인
4	美容师	měiróngshī	명 미용사
5	开	kāi	동 오픈하다, 운영하다, 경영하다
6	美容院	měiróngyuàn	명 미용실
7	爸爸	bàba	명 아버지
8	做	zuò	동 하다, 만들다
9	什么	shénme	대 무엇
10	生意	shēngyì	명 사업
11	这	zhè	대 이것
12	的	de	조 ...의
13	公司	gōngsī	명 회사

본문

A	你是哪国人? nǐshì nǎguórén?	넌 어느나라 사람이야?
B	我是韩国人。 Wǒ shì Hánguórén.	나는 한국인이야.
A	你妈妈做什么? nǐ māma zuò shénme?	너의 엄마는 뭐하셔?
B	我妈妈是美容师! 开美容院。 wǒ māma shì měiróngshī! kāi měiróngyuàn.	우리 엄마는 미용사야. 미용실을 운영하셔.
A	你爸爸做什么? nǐ bàba zuò shénme?	너의 아버지는 뭐하셔?
B	我爸爸做生意! wǒ bàba zuò shēngyì	우리 아버지는 사업하셔.
	这是我爸爸的公司! zhè shì wǒ bàbade gōngsī	이건 우리아빠 회사야.

문법

❶ 是

(1) 'A+是+B' 동사 술어문이며, 'A는 B이다'라는 의미이다.

① 她是我妈妈。 그녀는 나의 어머니입니다.

② 妈妈是美容师。 엄마는 미용사야.

(2) 부정형 'A + 不是 + B', A는 B가 아니다.

① 这不是我的手机(shǒujī 휴대폰)。 이것은 나의 핸드폰이 아닙니다.

② 她不是韩国人。 그녀는 한국인이 아닙니다.

③ 他是我弟弟。 그는 나의 남동생이다.

(3) 의문문 'A + 是 + B + 吗?' A는 B입니까?

① 那是手机吗? 저것은 핸드폰입니까?

② 他是韩国人吗? 그는 한국인입니까?

③ 这是你的手机吗? 이것은 당신의 핸드폰입니까?

❷ 的

(1) '的'는 소유격을 나타낼 때 관형어 뒤에 쓴다. 이때 '的'는 '…의'라는 의미이다. 혈연관계를 나타낼 때는 '的'를 생략한다.

① 这是我的手机。 이것은 나의 핸드폰이다.

② 这是我爸爸的公司! 이건 우리아빠 회사야.

③ 她是我妈妈。 그녀는 나의 어머니이다.

(2) '…의'라는 의미가 없는 경우에는 관형어 뒤에 '的'를 쓰지 않는다.

① 我妈妈是美容师! 우리 엄마는 미용사야.

② 她是中国老师。 그녀는 중국 선생님입니다.

중요 어순 체크!

◎ '是' 구문

- 긍정 ⇒ 주어 + 是 + 목적어.
- 부정 ⇒ 주어 + 不 + 是 + 목적어.
- 의문 ⇒ 주어 + 是 + 목적어 + 吗?

문형연습

1 A: 你是哪国人? B: 我是美国人。

A	B	
他	他	韩国人
你的男朋友	他	日本人
她	她	中国人

2 我不是美国人, 是韩国人。

妈妈	美容师	老师
这	手机	电脑
他	中国人	美国人

3 这不是我的手机, 这是他的手机。

她	你的朋友	她	我的朋友
她	我的女朋友	她	弟弟的女朋友
这	我的书	那	我的书

보충 단어1

学生	xuésheng	명 학생
本子	běnzi	명 노트, 공책
日本人	Rìběnrén	명 일본인
电脑	diànnǎo	명 컴퓨터
女朋友	nǚpéngyou	명 여자친구
男朋友	nánpéngyou	명 남자친구

보충단어2(직업)

医生	yīshēng	의사
律师	lǜshī	변호사
公司职员	gōngsīzhíyuán	회사원
司机	sījī	운전기사
警察	jǐngchá	경찰
空姐	kōngjiě	스튜어디스
哥手	gēshǒu	가수
经理	jīnglǐ	사장
总统	zǒngtǒng	대통령
厨师	chúshī	요리사
护士	hùshì	간호사
演员	yǎnyuán	배우
运动员	yùndòngyuán	운동선수

미용단어

洗发剂	xǐfàjì	명 샴푸(shampoo)
护发素	hùfàsù	명 린스(rinse)
沐浴露	mùyùlù	명 바디 클렌져(body cleanser)
定型水	dìngxíngshuǐ	명 헤어스프레이(hairspray)
摩丝	mósī	명 무스(mousses)
发蜡	fàlà	명 머릿기름, 포마드(pomade)
发胶	fàjiāo	명 헤어젤(hair gel)

연습 문제

1 괄호에 알맞은 단어를 쓰세요.

① 你是(　　　)国人?　　　어느
② 这是我爸爸(　　　)公司。　　　....의
③ (　　　)是我的手机。　　　이것
④ 爸爸(　　　)生意。　　　하다
⑤ 我(　　　)韩国人。　　　...이다

2 아래의 단어를 이용해 문장을 만드세요.

① 这 书 是 (이것은 책이야.)

➜ ______________________

② 韩国人 是 我 (나는 한국인이야.)

➜ ______________________

③ 开 妈妈 美容店 (엄마는 미용실을 운영하셔.)

➜ ______________________

④ 这 是 公司 我 爸爸 的 (이건 우리아빠 회사야.)

➜ ______________________

⑤ 我 爸爸 生意 做 (우리 아버지는 사업하셔.)

➜ ______________________

3 다음 문장을 부정문으로 바꾸세요.

① 这是手机。(이것은 핸드폰입니다.)

➜ ________________________________

② 那是我的书。(저것은 내 책입니다.)

➜ ________________________________

③ 老师是美国人。(선생님은 미국인입니다.)

➜ ________________________________

④ 她是我的女朋友。(그는 내 여자 친구입니다.)

➜ ________________________________

4 다음 우리말을 중국어로 옮기세요.

① 안녕하세요! 어느 나라 사람이세요?

➜ ________________________________

② 저는 한국인입니다.

➜ ________________________________

③ 그녀는 너의 여자친구니?

➜ ________________________________

④ 그는 미용사입니다.

➜ ________________________________

표현 익히기

이름 묻고 대답하기

① 您贵姓? 성씨가 뭐예요?
Nín guì xìng?

② 我姓崔。 전 최씨예요.
Wǒ xìng cuī.

③ 她姓什么? 그는 성씨가 뭐죠?
Tā xìng shénme?

④ 她姓崔。 그는 최씨예요.
Tā xìng cuī.

⑤ 你叫什么名字? 너 이름이 뭐니?
Nǐ jiào shénme míngzi?

⑥ 我叫金明子。 난 김명자라고 해.
Wǒ jiào Jīn míngzǐ.

제 5 과

这是什么化妆品?

zhèshì shénme huàzhuāngpǐn?

(이것은 무슨 화장품이야?)

새 단어

1	这	zhè	대 이것
2	什么	shénme	대 무엇, 무슨
3	基础化妆品	jīchǔhuàzhuāngpǐn	명 기초화장품
4	化妆品	huàzhuāngpǐn	명 화장품
5	怎么样	zěnmeyàng	대 어때?
6	不过	búguò	접 그러나
7	价格	jiàgé	명 가격
8	贵	guì	형 비싸다
9	买	mǎi	동 사다
10	卖	mài	동 팔다(买↔卖)
11	国产	guóchǎn	명 국산
12	真	zhēn	부 정말
13	能干	nénggàn	형 유능하다
14	哎哟	āiyō	감 아이고
15	不好意思	bùhǎoyìsi	쑥스럽다

본문

A	这是什么? zhè shì shénme?	이것은 무엇인가요?
B	这是化妆品。 zhèshì huàzhuāngpǐn.	이것은 화장품이예요.
A	这是什么化妆品? zhèshì shénme huàzhuāngpǐn?	이것은 무슨 화장품이예요?
B	这是韩国的基础化妆品。 zhèshì hánguó de jīchǔ huàzhuāngpǐn.	이것은 한국의 기초 화장품이예요.
A	韩国化妆品怎么样? hánguó huàzhuāngpǐn zěnmeyàng?	한국화장품 어때요?
B	很好。不过, 价格也很贵。 hěn hǎo。búguò, jiàgé yě hěn guì.	아주 좋아요. 하지만 가격도 아주 비싸요.
	我的女朋友做化妆品生意。 wǒ de nǚpéngyǒu zuò huàzhuāngpǐn shēngyì.	제 여자 친구가 화장품 사업해요.
A	是韩国化妆品吗? shì hánguó huàzhuāngpǐn ma?	한국화장품인가요?
B	是的, 也卖国产化妆品。 shìde, yěmàiguóchǎnhuàzhuāngpǐn.	네, 국산 화장품도 팔아요.
A	女朋友真能干! nǚpéngyǒuzhēnnénggàn!	여자 친구는 정말 유능하군요!
B	哎哟, 不好意思。 āiyō, bùhǎoyìsi.	아이고, 쑥스럽네요.

이것만은 알아두자

◎ **중국어의 성조**

중국어는 음절마다 고유의 성조(声调)가 있다. 이 성조는 단어를 구별하는데 중요한 역할을 하므로 정확하게 읽고 말할 수 있어야 한다. 예를 들어 'tongyi'라는 똑같은 발음을 가진 단어들을 살펴보자.

- 同意 tóngyì : 동의, 동의하다
- 同一 tóngyī : 같다, 동일하다
- 統一 tǒngyī : 통일, 통일하다

이처럼 성조가 달라지면 전혀 다른 뜻의 단어가 되므로, 중국어로 말할 때는 발음뿐만 아니라 성조도 유의해야 한다.

문법

❶ 怎么样?

'怎么样', '谁', '哪', '什么', '哪儿', '几', '什么时候', '怎么', '为什么', '多少' 등 의문사로 질문하는 의문문을 '특수의문문'이라고 한다.

① 韩国化妆品怎么样? 한국화장품 어때요?

② 你是哪国人? 당신은 어느 사람입니까?

③ 他是谁? 그는 누구입니까?

❷ 什么

의문사 '什么'를 활용하여 의문문을 만든다.

① 那是什么? 저것은 무엇입니까? – 목적어

② 那是什么发型? 저것은 무슨 헤어스타일인가요? – 관형어

③ 这是什么化妆品? 이것은 무슨 화장품이예요? – 관형어

❸ 不好意思

(1) 쑥스럽다. – 사람을 처음 만나서 서먹서먹하거나 말하기가 부끄러울 때 쓴다.

(2) 미안하다. – 도움을 많이 받거나 신세를 졌을 때 쓴다.

① 哎哟, 不好意思。 아이고, 쑥스럽네요.

② 不好意思, 我有事先走了。 죄송합니다, 제가 일이 있어 먼저 갑니다.

❹ 也

부사 '也'는 '…도'라는 의미를 나타내며 술어 앞에 놓인다.

① 你很漂亮, 你妹妹也很漂亮。 당신은 아주 예쁘고, 당신 여동생도 아주 예뻐요.

② 妈妈是中国人, 爸爸也是中国人。 어머니는 중국인이고, 아버지도 중국인입니다.

중요 어순 체크!

◎ **관형어의 위치**

- 관형어 + 주어 + 술어 + 관형어 + 목적어

  我的 女朋友 是 韩国 人

문형연습

❶ 这是什么？这是洗发剂(샴푸)。

那　　那　护发素(린스)

这　　这　书

那　　那　化妆品

❷ 这是什么化妆品？

这　　发型?

这　　手机

这　　书

❸ 韩国化妆品怎么样？

韩国手机

妈妈身体

我的发型

❹ 我的女朋友做化妆品生意。

他　　电脑

我　　水果

爸爸　　食品

❺ 这是韩国的基础化妆品。

我的男朋友

妈妈的朋友

我的老师

보충단어(의문사 정리)

谁	shuí	누구	예 他是谁? 그는 누구인가요? tā shì shuí?
哪	nǎ	어느	예 你是哪国人? nǐ shì nǎ guó rén? 당신은 어느나라 사람인가요?
哪儿	nǎr	어디	예 你去哪儿? 넌 어디 가니? Nǐ qù nǎr?
什么	shénme	무엇	예 这是什么? 이건 뭐야? zhè shì shénme?
几	jǐ	몇(10이하)	예 你几点吃饭? 넌 몇시에 식사하니? nǐ jǐdiǎn chī fàn?
什么时候	shénmeshíhou	언제	예 什么时候买手机? shénmeshíhou mǎi shǒujī? 언제 핸드폰 사니?
怎么	zěnme	어떻게	예 头发怎么剪? tóufà zěnme jiǎn? 머리를 어떻게 커트할까요?
为什么	wèishénme	왜	예 你为什么不学美容? nǐ wèishénme bù xué měiróng 넌 왜 미용을 배우지 않니?
多少	duōshǎo	얼마(10이상)	예 剪发多少钱? jiǎnfà duōshǎo qián? 머리 커트하는데 얼마인가요?
怎么样	zěnmeyàng	어때	예 发型怎么样? 헤어스타일 어때요? fàxíng zěnmeyàng?

미용단어

涂敷	túfū	동 바르다
基础化妆品	jīchǔ huàzhuāngpǐn	명 기초화장품
美容化妆品	měiróng huàzhuāngpǐn	명 피부과 화장품
美白露	měibáilù	명 화이트닝 로션
紧肤水	jǐnfūshuǐ	명 스킨
卸妆水	xièzhuāngshuǐ	명 클렌징워터
洗面奶	xǐmiànnǎi	명 클렌징크림
眼霜	yǎnshuāng	명 아이크림
营养霜	yíngyǎngshuāng	명 영양크림

연습 문제

1 괄호에 알맞은 단어를 쓰세요.

① 他是(　　　)?	누구
② 这是(　　　)?	무엇
③ 他是(　　　)的朋友?	누구
④ 那是我(　　　)电脑。	~의
⑤ 三星手机(　　　)?	어떠냐?

2 다음 밑줄 친 부분을 의문사 谁, 怎么样, 什么를 써서 의문문으로 바꾸세요.

① 这是手机。

➜ ________________________________

② 三星手机很好。

➜ ________________________________

③ 他是妈妈的朋友。

➜ ________________________________

④ 这是我的词典。

➜ ________________________________

3 **다음 우리말을 중국어로 옮기세요.**

① 이건 무엇인가요?

➜ ____________________ 这 什么 是

② 삼성핸드폰은 아주 비싸요

➜ ____________________ 三星 手机 贵 很

③ 이것은 누구 핸드폰인가요?

➜ ____________________ 这 是 谁 手机 的

④ 삼성핸드폰은 어때?

➜ ____________________ 三星手机 怎么样

표현 익히기

✱ 중국어는 존칭이 별로 없다. 성함을 물을 때 '贵'를 사용하고 '…하세요'라는 의미를 '请'으로 표현하므로 필요시 사용하면 된다.

① 请坐! 앉으세요!
Qǐng zuò

② 请进! 들어오세요!
Qǐng jìn

③ 请等一下! 좀 기다리세요!
Qǐng děng yíxià

④ 请喝茶! 차 드세요!
Qǐng hēchá

✱ '请问'은 '실례합니다, 말씀 좀 묻겠습니다.'라는 의미로 많이 사용된다.

① 请问, 您贵姓? 실례합니다! 성씨가 어떻게 되세요?
Qǐng wèn, Nín guì xìng?

② 请问, 洗手间在哪儿? 말씀 좀 묻겠는데요, 화장실 어딘가요?
Qǐng wèn, xǐshǒujiān zài nǎr

제 6 과

我最近学美容。

wǒ zuìjìn xué měiróng.

(나 요즘 미용을 배워!)

새 단어

1	好久不见	hǎojiǔbújiàn	오랜만이야
2	学	xué	동 배우다
3	最近	zuìjìn	명 최근
4	美容	měiróng	명 미용
5	了	le	조 동사 뒤에 쓰여 동작 완료를 나타냄
6	多长时间	duōchángshíjiān	얼마동안
7	个	ge	양 개
8	月	yuè	명 월
9	学费	xuéfèi	명 학비
10	贵	guì	형 비싸다
11	难	nán	형 어렵다
12	需要	xūyào	동 필요하다
13	耐心	nàixīn	명 인내성
14	上班	shàngbān	동 출근하다
15	只	zhǐ	부 ...만, 단지
16	意思	yìsi	명 재미
17	有意思	yǒuyìsi	형 재미있다

본문

A	好久不见! hǎojiǔbújiàn!	오랜만이야!
	最近怎么样? 忙不忙? zuìjìn zěnmeyàng? mángbumáng?	요즘 어때? 바쁘니?
B	很忙。 hěn máng.	아주 바빠.
A	你在忙什么? nǐ zài máng shénme?	뭐하느라 바빠?
B	我最近学美容。 wǒ zuìjìn xué měiróng.	나 요즘 미용을 배워.
A	学了多长时间? xué le duōchǎngshíjiān.	얼마 동안 배웠어?
B	学了六个月。 xuéle liùgeyuè.	6개월 배웠어.
A	学费贵不贵? xuéfèi guìbuguì?	학비는 비싸니?
B	学费不太贵。 xuéfèi bútàiguì.	학비는 그다지 비싸지 않아.
A	学美容难不难? xué měiróng nánbunán?	미용 배우기가 어렵지 않니?
B	很难, 需要耐心。 hěnnán, xūyào nàixīn.	아주 어려워, 인내심이 필요해.
	不过, 不上班, 只学美容, 很有意思。 búguò bú shàngbān, zhǐxué měiróng, hěn yǒuyìsi. 하지만 출근하지 않고 미용만 배우니까 아주 재미있어.	

이것만은 알아두자

◎ '不'의 성조 변화(2)

긍정+부정형 의문문에서 가운데 '不'는 4성이 아닌 경성으로 읽는다.

你忙不忙? Nǐ máng bu máng?

学美容难不难? xué měiróng nán bu nán?

문법

❶ 동사 술어문

(1) '주어 + 동사 술어'의 형식으로 이루어지는데 이러한 문형을 '동사 술어문'이라고 한다.

① 我看书。 나는 책을 본다.

② 她听音乐。 그녀는 음악을 듣는다.

③ 我学美容。 나는 미용을 배운다.

(2) 부정 – 주어 + 不 + 동사 술어

① 爸爸不看电视剧。 아빠는 드라마를 보지 않는다.

② 他不吃饭。 그는 밥을 먹지 않는다.

③ 我不上班。 나는 출근하지 않는다.

(3) 의문 ┌ 주어 + 동사 술어 + 吗?
　　　　└ 주어 + 동사 술어 + 不 + 동사 술어?

① 你是美国人吗? 당신은 미국인입니까?

② 你看不看书? 책을 볼 건가요?

2 의문문

술어의 긍정형+부정형으로 구성된 의문문을 '정반의문문'이라고 한다.

① 累不累? 피곤하니?

② 学费贵不贵? 학비는 비싸니?

③ 是不是美国人? 미국인인가요?

3 很有意思

'意思(yìsi)'는 '재미'라는 뜻으로 '有意思(yǒuyìsi)'는 '재미있다'의 뜻을 지닌다. '没有意思(méiyou yìsi)', '没意思(méi yìsi)'는 '재미없다'의 뜻을 지닌다.

① 学美容很有意思。 미용을 배우니 아주 재미있다.

② 汉语书没(有)意思。 중국어책은 재미없다.

4 只

부사 '只'는 술어 앞에 놓여 '다만', '단지'라는 의미를 나타낸다.

① 我爸爸只看书。 우리 아빠는 책만 보신다.

② 我朋友只听音乐。 내 친구는 음악만 듣는다.

❺ 在

동사술어 앞에 부사 '在'를 쓰면 어떤 동작이나 행위가 진행되고 있음을 나타낸다(진행형).

① 你在忙什么? 너 뭐 하고 있니? / 넌 뭐 하느라 바빠?

② 爸爸在看书。 아빠는 책을 보고 있다.

③ 我弟弟在学美容。 내 남동생은 미용을 배우고 있다.

중요 어순 체크!

◎ **동사 술어문**

- 긍정 ⇒ 주어 + 동사 술어.
- 부정 ⇒ 주어 + 不 + 동사 술어.
- 의문 ⇒ 주어 + 동사 술어 (+목적어) + 吗?
  주어 + 동사 술어 + 不 + 동사 술어 (+목적어)?

◎ **정반의문문**

주어 + 술어의 긍정형 + 술어의 부정형?

문형연습

❶ 你累不累?

爸爸忙　忙

妈妈高　高

他帅　　帅

❷ 我看电脑。

学美容

喝咖啡　* 喝: hē 마시다, 咖啡: kāfēi 커피

听音乐

❸ 你在忙什么?

喝

听

学

❹ 学了多长时间?

看

听

休息

❺ 只学美容

喝咖啡

看手机

吃饭

보충단어(일상동사)

起床	qǐchuáng	일어나다
刷牙	shuāyá	양치하다
洗脸	xǐliǎn	세수하다
穿衣服	chuānyīfu	옷입다
睡觉	shuìjiào	잠자다
看书	kànshū	책보다
听音乐	tīngyīnyuè	음악듣다
买东西	mǎi dōngxi	물건사다
喝咖啡	hēkāfēi	커피마시다
吃饭	chīfàn	밥먹다
见朋友	jiànpéngyou	친구만나다
运动	yùndòng	운동하다

学汉语	xuéhànyǔ	중국어배우다
说汉语	shuōhànyǔ	중국말하다
休息	xiūxi	휴식하다
挣钱	zhèngqián	돈벌다
花钱	huāqián	돈쓰다
买房子	mǎifángzi	집사다

미용단어

美容店	měiróngdiàn	명 미용실
眼影	yǎnyǐng	명 아이섀도
唇膏	chúngāo	명 립스틱
胭脂	yānzhī	명 볼 터치
擦脸香粉	cā liǎnxiāngfěn	명 페이스 파우더
眼线膏	yǎnxiàngāo	명 아이라인
睫毛膏	jiémáogāo	명 마스카라
唇线笔	chúnxiànbǐ	명 립라이너
眼线笔	yǎnxiànbǐ	명 아이 라이너

연습 문제

1 다음 질문에 중국어로 대답하세요.

① 你忙不忙?

➜ ________________________________

② 你学什么?

➜ ________________________________

③ 你做什么?

➜ ________________________________

④ 你学不学美容?

➜ ________________________________

2 괄호안에 알맞은 단어를 넣으세요.

① 最近(　　　)	어때?
② 学费(　　　)?	비싸니?
③ 你学了(　　　)?	얼마 동안
④ 妈妈在咖啡店(　　　)咖啡。	마시다
⑤ 你在(　　　)什么?	듣다

3 다음 문장을 의문문으로 만들고 부정문으로 답하세요.

보기 我吃饭。➜ 我不吃饭。

① 我上班。

➜ ________________________________

② 妈妈喝咖啡。

➜ ________________________________

③ 我是韩国人。

➜ ________________________________

④ 我学美容。

➜ ________________________________

4 다음 문장을 중국어로 옮겨보세요.

① 당신은 요즘 바쁜가요? 你 忙不忙 最近

➜ ________________________________

② 학비가 비싼가요? 学费 贵 不贵

➜ ________________________________

③ 미용 배우는데 어렵나요? 美容 学 难不难

➜ ________________________________

④ 얼마동안 배우셨나요? 多长时间 学了

➜ ________________________________

표현 익히기

자주 사용되는 意思의 다양한 의미

중국어에서 '意思'는 '재미', '의미'라는 뜻이다. 본문에서 배운 '不好意思' 외에도 다양한 표현으로 활용된다.

① 很有意思。 아주 재미있어요.
Hěn yǒu yìsi.

② 有点儿意思。 재밌네, 웃기네.
yǒudiǎnr yìsi.

③ 这是什么意思? 이것은 무슨 뜻입니까?
zhè shì shénme yìsi?

④ 没有意思。 재미가 없어요.
Méiyǒu yìsi.

⑤ 不好意思。 쑥스러워요, 미안해요
Bù hǎo yìsi.

⑥ 这是一点儿小意思。 이것은 작은 성의입니다.
zhè shì yìdiǎnr xiǎo yìsi.

제 7 과

我没有工作。

wǒ méiyǒu gōngzuò.

(나는 직업이 없어.)

새 단어

1	有	yǒu	동 있다
2	没有	méiyǒu	동 없다
3	找	zhǎo	동 찾다
4	工作	gōngzuò	명 동 직업, 일하다
5	面试	miànshì	명 동 면접시험(하다)
6	今天	jīntiān	명 오늘
7	染发	rǎnfà	동 염색하다
8	种	zhǒng	양 종, 종류
9	颜色	yánsè	명 색상
10	随便	suíbiàn	부 형 마음대로
11	挑	tiāo	동 고르다
12	一下	yíxià	양 좀 …하다. 한번 …하다
13	红色	hóngsè	명 빨간색
14	黄色	huángsè	명 노란색
15	棕色	zōngsè	명 갈색
16	和	hé	접 와/과
17	比较	bǐjiào	부 동 비교적, 비교하다

본문

A	你有工作吗? nǐ yǒu gōngzuò ma?	당신은 직업이 있나요?
B	我没有工作。 wǒ méiyǒu gōngzuò.	저는 직업이 없어요.
A	现在找工作很难。 xiànzài zhǎo gōngzuò hěnnán.	지금 일자리 찾기가 아주 어려워요.
B	我明天有面试, 今天染发。 wǒ míngtiān yǒu miànshì, jīntiān rǎnfà. 저 내일 면접시험이 있는데 오늘 염색해요.	
A	你染什么颜色的? nǐ yào shénme yánsè de?	당신은 어떤 색상으로 염색해요?
B	有几种颜色? yǒu jǐzhǒng yánsè?	색상은 몇 종류가 있나요?
A	有三种颜色, 黑色、棕色、黄色等。 yǒu sānzhǒng yánsè, hēisè, zōngsè, huángsè děng. 3가지 색상이 있어요. 검정, 브라운, 노랑 등	
	随便挑一下。 suíbiàn tiāo yíxià.	마음대로 골라 봐요.
B	我看棕色的比较好。 wǒ kàn zōngsè de bǐjiào hǎo.	제가 보기엔 브라운 색상이 좋겠어요.

문법

❶ 有

(1) 有(있다 – 긍정)

‘A + 有 + B’의 형식으로 이루어지는 동사 술어문은 ‘A는 B를 가지고 있다’, ‘A(에)는 B가 있다’라는 의미이다.

① 我有一个工作。 나는 직업이 하나 있습니다.

② 我家有三口人。 우리집에는 세 식구가 있습니다.

(2) 没有(없다-부정) – ‘A는 B를 가지고 있지 않다’, ‘A에는 B가 없다’라는 의미로 ‘有’ 앞에 ‘没’를 쓴다.

① 妈妈没有工作。 엄마는 직업이 없다.

② 我没有手机。 나는 휴대폰이 없다.

(3) 의문문 – 문장 뒤에 의문조사 ‘吗’를 사용하거나 긍정+부정형(有没有?)을 쓴다.

① 你弟弟有电脑吗? 네 남동생은 컴퓨터가 있니?

② 你没有车吗? 당신은 자동차가 없습니까?

③ 你有没有女朋友? 당신은 여친이 있습니까?

❷ 양사

사물을 셀 때는 양사를 써야 한다. 지시사 뒤의 양사는 생략할 수 있지만, 수사나 '几' 뒤의 양사는 생략할 수 없다.

① 지시사(这/那) + 양사 + 명사

这(个)人	이 사람
那(个)学生	저 학생

② 수사 + 양사 + 명사

三种颜色	세 가지 색상
一个弟弟	남동생 한 명
三个手机	핸드폰 세 개

❸ 和

접속사 '和'는 '…와/과'라는 의미로 주로 명사를 나열할 때 많이 쓰인다. 세 개 이상의 명사 나열 시 마지막 단어 앞에 한 번만 사용하면 된다.

① 我有一个手机和一个电脑。 나는 핸드폰 하나와 컴퓨터 하나 있어요.

② 我家有爸爸、妈妈和一个妹妹。 우리집에는 아빠, 엄마와 여동생 한명이 있어요.

중요 어순 체크!

◎ '有' 구문

- 긍정 ⇒ 주어 + 有 + 목적어.
- 부정 ⇒ 주어 + 没有 + 목적어.
- 의문 ⇒ 주어 + 有 + 목적어 + 吗?
  주어 + 有没有 + 목적어?

문형연습

❶ 我有一个工作。

我	两个电脑	* diànnǎo 컴퓨터
妈妈	两个手机	* 两个: liǎng ge 두개
他	一个房子	* fángzi 집, 건물

❷ 我没有工作。

妈妈	车	* chē 자동차
我	钱	* qián 돈
他	手机	

❸ A: 你有没有工作? B: 我没有工作。

A		B	
你	男朋友	我	男朋友
他	电脑	他	电脑
你	房子	我	房子

❹ 有几种颜色?

咖啡

书

化妆品

보충단어(饮食)

可乐	kělè	콜라
咖啡	kāfēi	커피
茶	chá	차
牛奶	niúnǎi	우유
啤酒	píjiǔ	맥주
面包	miànbāo	빵
比萨饼	bǐsàbǐng	피자
薯条	shǔtiáo	감자튀김
炸鸡	zhàjī	치킨
汉堡包	hànbǎobāo	햄버거
蛋糕	dàngāo	케익

미용단어(색상)

颜色	yánsè	명 색상
染发	rănfā	동 염색하다
深色	shēnsè	명 짙은 색
浅色	qiǎnsè	명 연한 색
彩色	cǎisè	명 채색
红色	hóngsè	명 홍색
黄色	huángsè	명 황색
绿色	lǜsè	명 녹색
蓝色	lánsè	명 남색, 푸른색
灰色	huīsè	명 회색
紫色	zǐsè	명 자색
橙色	chéngsè	명 오랜지색
粉红色	fěnhóngsè	명 분홍색
黑色	hēisè	명 검정색
棕色	zōngsè	명 갈색

연습 문제

1 다음 단어에 중국어 발음기호를 적으세요.

有	没有
工作	面试
染发	颜色

2 주어진 단어를 이용해 어순에 맞는 문장을 만드세요.

① 工作 有 你 吗 (당신 직업 있나요?)

➜ ____________________

② 我 两 手机 个 有 (나는 핸드폰 두 개 있다.)

➜ ____________________

③ 妈妈 咖啡 没有 (엄마는 커피가 없다.)

➜ ____________________

④ 你家 吗 电脑 有 (너희 집에는 컴퓨터 있니?)

➜ ____________________

3 '什么, 谁, 哪, 几' 중 알맞은 것을 골라 빈칸에 넣으세요.

① 你有 ________ 个弟弟?

② 他是 ________ ?

③ 这是 ________ ?

④ 我是中国人, 你是 ________ 国人?

4 **다음 우리말을 중국어로 옮기세요.**

① 아빠는 직업이 있나요? 爸爸 工作 有 吗

➜ ______________________________

② 난 커피가 없어요. 我 咖啡 没有

➜ ______________________________

③ 엄마는 핸드폰이 없어요. 妈妈 手机 没有

➜ ______________________________

④ 색상은 몇 종류가 있나요? 颜色 几种 有

➜ ______________________________

표현 익히기

‘好’의 재미있는 용법

‘好’는 형용사로서 ‘좋다’는 의미를 지니는데 때로는 다른 동사와 결합하여 한 단어로 쓰이는 경우도 많은데 이 때 ‘好’는 ‘…하기 좋다’, ‘…하기 쉽다’라는 의미를 나타낸다.

① 好喝! 맛있어!
Hǎohē!

② 好吃! 맛있어!
Hǎochī!

③ 好听! 듣기 좋구나!
Hǎotīng!

④ 好看! 보기 좋네!
Hǎokàn!

다음과 같은 재미있는 표현도 있다.

螃蟹好吃, 不好吃。 게는 맛은 좋은데 먹기는 쉽지 않다.
Pángxiè hǎochī, bu hǎochī.

중국여행에서 가볼만한 곳

중국은 오랜 역사를 자랑하는 나라인 만큼 유명한 유적지와 명소가 매우 많다. 万里长城, 兵马俑, 杭州西湖 등이 대표적이다.

북경의 만리장성(万里长城 Wànlǐ Chángchéng)은 달에서 유일하게 보이는 지구상의 건축물로 잘 알려져 있다. 중국의 왕조들이 북방 유목민을 방어하기 위해 세운 성벽으로 중국을 최초로 통일한 진나라 始皇帝가 건립했다고 전해지지만 대부분 15세기 이후 명나라 때에 쌓은 것이다. 1987년 유네스코 세계문화유산으로 등록된 중국의 문화유산이다. 세계 7대 불가사의 가운데 하나로 선정되기도 했다.

병마용(兵马俑 bīngmǎyǒng)은 중국 시안(西安) 진시황의 무덤에 파묻은 약 1만 구의 도제(陶制) 병마(兵马)를 지칭하며 하나하나 모두 다른 표정과 모습에 감탄하지 않을 수 없다.

항주의 서호(杭州西湖 hángzhōuxīhú)는 절경으로 알려져 중국인들이 가장 선호하는 곳이다.

제 8 과

您要剪发吗?

nín yào jiǎnfà ma?

(머리 커트하시겠어요?)

새 단어

1	要	yào	조 원하다, ~하려하다
2	剪发	jiǎnfà	동 머리를 컷하다
3	欢迎光临	huānyíngguānglín	어서오세요(인사말)
4	长	cháng	형 길다
5	头发	tóufa	명 두발
6	哪	nǎ	의 어느
7	种	zhǒng	명 종류
8	短	duǎn	형 짧다
9	一点儿	yìdiǎnr	조금
10	这样	zhèyàng	대 이렇게
11	可以	kěyǐ	조동 가능하다, …할 수 있다
12	这儿	zhèr	대 여기
13	有点儿	yǒudiǎnr	조금
14	再	zài	부 또
15	现在	xiànzài	명 지금
16	满意	mǎnyì	형 만족하다
17	真	zhēn	부 정말
18	手艺	shǒuyì	명 손재주
19	不错	búcuò	형 훌륭하다

본문

A	欢迎光临! 您要剪发吗? huānyíngguānglín! nín yào jiǎnfà ma?	어서 오십시오. 머리 커트하시겠어요?
B	是的, 头发太长了。 shìde, tóufa tàichángle.	네, 머리가 너무 길어요.
A	你要剪哪种发型? nǐ yàojiǎn nǎzhǒng fàxíng?	어떤 헤어스타일로 해 드릴까요?
B	要短一点儿的。 yào duǎn yìdiǎnr de.	좀 짧은 스타일로 원해요.
A	好的。...这样可以吗? hǎo de. ....zhèyàng kěyǐ ma?	알겠어요. ...이렇게 하면 어떤가요?
B	这儿有点儿长, 再短一点儿吧。 zhèr yǒudiǎnr cháng, zài duǎn yìdiǎnr ba.	여기가 좀 길군요, 좀 더 짧게 해주세요.
A	现在满意吗? xiànzài mǎnyì ma?	지금 맘에 드시나요?
B	很满意。您的手艺真不错。 hěn mǎnyì. nínde shǒuyì zhēnbúcuò. 아주 마음에 들어요. 손재주가 정말 좋으시군요.	

문법

❶ 要

(1) 조동사

일반적으로 동사(원하다)로 사용되지만, 동사 앞에 위치하여 '~하려고 한다'는 소망이나 의지를 나타내는 조동사로 사용되기도 한다.

① 您要剪发吗? 머리 커트 하시려구요?

② 我要买化妆品。 나는 화장품 사려고 합니다.

③ 你要剪哪种发型? 당신은 어떤 헤어스타일로 커트하려구요?

(2) 동사

동사적인 의미로 원하다, 필요하다는 뜻을 지니며 뒤에 목적어가 온다.

① 要短一点儿的。 짧은걸로 해주세요.

② 我要咖啡，不要牛奶。 커피 주세요. 우유는 싫어요.

③ 我要汉语书。 나는 중국어책을 원한다.

❷ 太 + 형 + 了

부사 '太'는 '너무'라는 의미를 지니고 있는데 형용사와 결합하여 정도가 심하다는 의미를 나타낸다. 여기서 '了'는 강조의 의미를 갖는다.

① 头发太长了。 머리가 너무 길다.

② 房子太贵了。 집이 너무 비싸다.

③ 今天妈妈太累了。 오늘 엄마가 너무 피곤하다.

❸ 一点儿/有点儿

(1) 一点儿은 '다소', '조금'이라는 의미로 '一'가 생략되기도 합니다. 주로 동사나 형용사 뒤에 놓여 정도가 약하거나 수량이 적음을 나타냅니다.

① 便宜一点儿怎么样? 좀 싸게 해주면 어때요?

② 吃点儿饭! 밥 좀 먹어!

③ 想学(一)点儿汉语。 중국어 좀 배우고 싶다.

(2) 有点儿은 동사나 형용사 앞에 놓여 불만이나 부정적인 표현을 할 때 사용된다. 주로 부사역할을 하며 형용사 앞에 놓여 불만족스러움을 나타낸다.

① 头发有点儿长。 머리가 좀 길다.

② 房子有点儿贵。 집이 좀 비싸다.

③ 今天有点儿不舒服。 * shūfu 편안하다 오늘 몸이 좀 안좋아.

중요 어순 체크!

◎ 조동사의 위치

• 주어 + 조동사 + 동사 + 목적어
  你 要 剪 哪种发型?

◎ 一点儿/有点儿의 위치

• 동/형 + 一点儿

• 有点儿 + 동/형

문형연습

❶ 您要剪发吗?

喝咖啡

买手机

洗发

❷ 你要剪哪种发型?

买	咖啡
看	书
穿	衣服

❸ 要短一点儿的。

长

贵

淡

❹ 有点儿长, 再短一点儿吧。

咸	淡
小	大
贵	便宜

❺ 您的手艺真不错。

口才　　好
声音　　好
眼睛　　漂亮

보충단어(교통수단)

自行车	zìxíngchē	자전거
摩托车	mótuōchē	오토바이
公共汽车	gōnggòngqìchē	버스
出租车	chūzūchē	택시
地铁	dìtiě	지하철
火车	huǒchē	기차
飞机	fēijī	비행기
船	chuán	배
班车	bānchē	통근버스
电车	diànchē	전차
卡车	kǎchē	트럭

미용단어

发型	fàxíng	명 헤어스타일
烫发	tàngfà	동 머리를 파마하다
时尚	shíshàng	형 명 세련되다, 패션
长发	chángfà	명 롱헤어
短发	duǎnfà	명 쇼트헤어, 단발
直发	zhífà	명 스트레이트
披肩发	pījiānfà	명 긴머리(어깨까지 닿는 머리)
马尾辫	mǎwěibiàn	명 머리를 뒤로 묶은 헤어스타일
盘发	pánfà	동 올림머리하다
理发	lǐfà	동 이발하다
梳头发	shūtóufà	동 머리를 빗다
分发	fēnfā	동 가르마를 타다
白发	báifà	명 백발
金发	jīnfà	명 금발
假发	jiǎfà	명 가발

연습 문제

1 괄호에 알맞은 단어를 쓰세요.

① 头发(　　　)长了。	有点儿
② 要短(　　　)的。	一点儿
③ 这样(　　　)吗?	可以
④ 现在(　　　)吗?	满意
⑤ 您的手艺(　　　)不错。	真

2 다음 중국어를 우리말로 옮기세요.

① 有点儿长, 再短一点儿吧。

➜ ____________________

② 你要剪哪种发型?

➜ ____________________

③ 您要剪发吗?

➜ ____________________

④ 这样可以吗?

➜ ____________________

3 **다음 질문에 중국어로 답하세요.**

① 您要<u>剪发</u>吗?

➜ ______________________________

② 你要剪哪种发型?

➜ ______________________________

③ 这样可以吗?

➜ ______________________________

④ 现在满意吗?

➜ ______________________________

중국의 4대 요리

요리명		특징
北京菜(京菜)	북경요리	• 대부분 튀김요리와 볶음 요리로 만두와 육류요리 위주 • 대표요리: 북경오리구이
上海菜(苏菜)	상해요리	• 해산물을 많이 사용하고 달고 진한 맛이 난다. • 대표요리: 진주완자, 게볶음, 생선찜, 홍쏘우러우(红烧肉) 등
广东菜	광동요리	• 담백하고 자연의 맛 강조 • 대표요리: 필보채
四川菜(川菜)	사천요리	• 매운 맛이 특징. 마늘, 파, 고추를 많이 이용 • 대표요리: 마파두부

중국의 대학교육

중국의 대학은 한국과 비슷하여 2년제, 3년제인 전문대와 4년제 대학으로 나뉜다. 2년제는 专科(zhuānkē)라고 하고, 4년제는 本科(běnkē)라고 한다. 중국의 대학은 대부분 기숙사와 제반 편의시설을 갖추고 있으며 학생들이 대부분 기숙사 생활을 한다. 비용도 비싸지 않은 편이며 다양한 동아리가 있어 학생들이 수업외에도 여러 가지 다채로운 활동에 참여할 수 있다.

제 9 과

你喜欢喝什么?

nǐ xǐhuān hē shénme?

(너는 무엇을 즐겨 마시니?)

새 단어

1	喜欢	xǐhuān	동 조 좋아하다
2	喝	hē	동 마시다
3	咖啡	kāfēi	명 커피
4	一起	yìqǐ	부 함께
5	去	qù	동 가다
6	咖啡店	kāfēidiàn	명 커피숍
7	做	zuò	동 하다, 만들다
8	美容院	měiróngyuàn	명 미용실
9	点	diǎn	양 시
10	开门	kāimén	동 문을 열다, 개점하다. 영업을 시작하다
11	还	hái	부 아직
12	早	zǎo	부 일찍이. 벌써. 이미 [보통 '就' '了'와 같이 쓰임]
13	那么	nàme	접 그러면
14	一起	yìqǐ	부 함께
15	先	xiān	부 먼저
16	去	qù	동 가다
17	修	xiū	동 정리하다, 꾸미다
18	指甲	zhǐjiǎ	명 손톱
19	难看	nánkàn	형 보기 흉하다
20	死了	sǐ le	동 …죽겠다

본문

A	你喜欢喝什么? nǐ xǐhuān hē shénme?	너는 무엇을 즐겨 마시니?
B	我喜欢喝咖啡。 wǒ xǐhuān hēkāfēi.	나는 커피를 즐겨 마셔.
A	我们一起去咖啡店喝咖啡吧! wǒmen yìqǐ qù kāfēidiàn hēkāfēi ba!	우리 함께 커피숍에 가서 커피 마시자.
B	咖啡店11点开门, 还早呢! kāfēidiàn ShíYī diǎn kāimén, hái zǎo ne!	커피숍은 11시에 문을 여는데, 아직 일러!
A	那么, 先去美容院修指甲怎么样? nàme, xiān qù měiróngyuàn xiūzhǐjiǎ zěnmeyàng?	그럼 먼저 미용실에 가서 손톱 해볼까?
B	好的, 指甲太长, 难看死了。 hǎo de, zhǐjiǎ tài zhǎng, nánkàn sǐ le.	좋아, 손톱이 너무 길어서 보기 흉해 죽겠어.

문법

❶ 조동사 '喜欢'

'喜欢'은 동사성분이지만 동사 앞에 위치할 때는 조동사로서 뒤에 오는 동작을 즐겨한다는 의미로 사용된다. '喜欢喝'(즐겨마시다), '喜欢看'(즐겨보다), '喜欢买'(즐겨사다) 등등

① 我喜欢喝咖啡。 나는 커피를 즐겨마신다.
② 妈妈喜欢染发。 어머니는 염색하기를 좋아하신다.
③ 弟弟喜欢买东西。 남동생은 쇼핑을 즐긴다.

❷ 还早呢!

'还…呢'는 '아직 …한 상태이다'라는 의미이다. '还早呢'는 '아직 이른 상태이다'라는 뜻으로 '아직 시간이 되려면 멀었다'라는 표현이 된다.

① 我还小呢。 나는 아직 어린걸.
② 还早呢! 我们先吃吧。 아직 시간이 있으니까 밥부터 먹자.

❸ 吧

어기조사 '吧'는 추측 외에 건의, 제안시 사용한다.

① 你先吃饭吧。 너 먼저 식사해라.
② 我们一起染发吧。 우리 같이 염색합시다.
③ 我们一起去咖啡店喝咖啡吧! 우리 함께 커피숍에 가서 커피 마시자.

❹ 难看死了

'死了'는 형용사 뒤에 쓰여 정도가 심함을 나타낸다.

① 难看死了。 보기 흉해 죽겠다.

② 累死了。 피곤해 죽겠어.

③ 饿死了。 배고파 죽겠어.

중요 어순 체크!

◎ **부사어의 위치**

• 주어 + 부사어 + 술어(+목적어)

◎ **조동사 위치**

• 주어 + 조동사 + 술어 + 목적어

문형연습

❶ 我喜欢喝咖啡

他　　看书

她　　听音乐

❷ 一起去咖啡店喝咖啡吧!

美容院剪发

书店看书

❸ 咖啡店11点开门, 还早呢!

每天12点睡觉

学校9点上课

❹ 指甲太长, 难看死了。

头发太长

白发太多

보충단어(감정표현)

高兴	gāoxìng	기쁘다
忧郁	yōuyù	우울하다
爱	ài	사랑하다
愉快	yúkuài	유쾌하다
讨厌	tǎoyàn	밉다
哭	kū	울다
笑	xiào	웃다
伤心	shāngxīn	슬프다
担心	dānxīn	걱정하다
难过	nánguò	속상하다
紧张	jǐnzhāng	긴장하다
幸福	xìngfú	행복하다
生气	shēngqì	화나다
怕	pà	두렵다
羡慕	xiànmù	부러워하다

미용단어

手套	shǒutào	명 장갑
滋润洁面	zīrùnjiémiàn	명 보습 클렌징
护手霜	hùshǒushuāng	명 핸드크림
指甲油	zhǐjiǎyóu	명 매니큐어
指甲刷	zhǐjiǎshuā	명 메니큐어 브러시
洗甲水	xǐjiǎshuǐ	명 리무버
小剪子	xiǎojiǎnzi	명 작은가위
化妆箱	huàzhuāngxiāng	명 메이크업 박스
丙酮	bǐngtóng	명 아세톤(acetone)
角质层	jiǎozhìcéng	명 각질층

연습 문제

1 본문 내용에 따라 대답하세요.

① 你喜欢喝什么?

➜ ______________________________

② 咖啡店几点开门?

➜ ______________________________

③ 你们一起做什么?

➜ ______________________________

④ 指甲太长, 难看吗?

➜ ______________________________

2 괄호에 알맞은 단어를 쓰세요.

① 我(　　　)喝咖啡。	좋아하다
② 我们(　　　)去咖啡店, 怎么样?	함께
③ 咖啡店11(　　　)开门	시
④ 我饿(　　　)了。	정도가 심하다

3 **다음 문장을 어순에 맞게 고쳐 보세요.**

① 去 一起 咖啡店 咖啡 喝 吧! (함께 커피숍에 가서 커피 마시자.)

➜ ______________________________

② 我 咖啡 喝 喜欢。(나는 커피를 즐겨 마셔.)

➜ ______________________________

③ 他 中国 朋友 没有。(그는 중국 친구가 없다.)

➜ ______________________________

④ 生意 我 做 喜欢。(나는 사업하는 걸 좋아해.)

➜ ______________________________

4 **다음 우리말을 중국어로 옮기세요.**

① 당신은 무엇을 즐겨 마십니까? 喝什么

➜ ______________________________

② 난 쇼핑을 즐깁니다. 买东西 * dōngxi 물건

➜ ______________________________

③ 어머니는 운동화를 즐겨 신어요. 穿 * chuān 신다 运动鞋 * yùndòngxié 운동화

➜ ______________________________

④ 아빠는 사업하기를 좋아합니다. 做生意 * zuòshēngyi 사업하다

➜ ______________________________

⑤ 우리 함께 커피숍에 가서 커피 마시자. 喝咖啡吧

➜ ______________________________

표현 익히기

컴퓨터와 인터넷 관련 용어

① 网站 wǎngzhàn 웹 사이트

② 网页 wǎngyè 홈페이지

③ 网址 wǎngzhǐ 사이트 주소

④ 雅虎 yǎhū 야후

⑤ 博客 bókè 블로그

⑥ 微博 wēibó 트위터

⑦ 用户名 yònghùmíng 아이디

⑧ 密码 mìmǎ 비밀번호

⑨ 网民 wǎngmín 네티즌

⑩ 病毒 bìng dú 바이러스

⑪ 光盘 시디롬
guāng pán

⑫ 死机 다운되다
sǐ jī

⑬ 升级 업그레드
shēng jí

⑭ 打印机 프린터기
dǎ yìn jī

⑮ 键盘 키보드
jiànpán

⑯ 鼠标 마우스
shǔbiāo

⑰ 笔记本电脑 노트북
bǐ jì běn diàn nǎo

제 10 과

你会做美容按摩吗?

nǐ huì zuò měiróng ànmó ma?

(넌 미용맛사지 할 줄 아니?)

새 단어

1	会	huì	조 ~할줄 알다
2	美容按摩	měiróngànmó	명 미용맛사지
3	基础	jīchǔ	명 기초
4	化妆品	huàzhuāngpǐn	명 화장품
5	用	yòng	동 사용하다
6	吧	ba	어 ~하세요
7	哇	wa	감 와~
8	厉害!	lìhai	형 대단하다
9	申请	shēnqǐng	동 신청하다
10	培训班	péixùnbān	명 학원
11	想	xiǎng	조 ~하고 싶다
12	那好	nàhǎo	그럼 좋아!
13	家	jiā	명 집
14	附近	fùjìn	명 부근

본문

A	这是什么? zhè shì shénme?	이것은 무엇인가요?
B	这是我做的基础化妆品。 zhè shì wǒzuòde jīchǔhuàzhuāngpǐn.	이것은 제가 만든 기초화장품이예요.
A	哇! 你真厉害! wa! nǐ zhēn lìhai!	와! 당신 정말 대단해요!
B	你会做美容按摩吗? nǐ huì zuò měiróngànmó ma?	넌 미용맛사지 할줄 아니?
A	我不会, 我想学。 wǒ búhuì, wǒxiǎngxué.	난 할줄 몰라. 배우고 싶어.
B	我申请了美容按摩培训班, 你也申请吧! wǒ shēnqǐng le měiróngànmó péixùnbān, nǐ yě shēnqǐngba! 나는 미용 마사지 학원에 신청했어. 너도 신청해!	
A	美容按摩培训班在哪儿? měiróngànmó péixùnbān zài nǎr?	미용 마사지 학원이 어디에 있어?
B	培训班在你家附近。 péixùnbān zài nǐjiā fùjìn.	학원이 너희집 부근에 있어.
A	那好, 我们一起学吧! nàhǎo, wǒmen yìqǐ xuéba!	그래 좋아, 우리 같이 배우자!

문법

❶ 会

조동사 '会'는 동사 앞에 위치하여 뒤에 오는 동작을 할줄안다(배워서 ~할줄 안다)는 의미로 사용된다. '会喝'(마실줄 안다), '会看'(볼줄 안다), '会买'(살줄 안다) 등등. '很会 + 동'는 아주 뛰여남을 표현하기도 한다.

① 爸爸会看人。 아빠는 사람 볼줄 아신다.
② 妈妈会做面包。 어머니는 빵 만들줄 알아요.
③ 你会做美容按摩吗? 당신은 미용 마사지 할줄 아세요?

❷ 想

'想'은 동사성분이지만 동사 앞에 위치할 때는 소망과 의지를 나타내는 조동사로서 뒤에 오는 동작을 하고저한다는 의미로 사용된다. '想喝'(마시고 싶다), '想看'(보고싶다), '想买'(사고싶다) 등등

① 我想喝咖啡。 나는 커피 마시고 싶다.
② 妈妈想染发。 어머니는 염색하고 싶어하신다.
③ 弟弟想买东西。 남동생은 물건사고 싶어한다.

3 在

(1) '在'는 …에 있다는 동사적인 의미를 지니며 'A + 在 + 장소'형태로 어떤 사물이 어떤 장소에 위치함을 나타낸다.

'在'는 의문대사 '哪儿'을 사용한 'A + 在 + 哪儿'의 형태로 해당 장소나 사물, 사람이 어디에 있는지 질문하거나 답할 수 있습니다.

① 妈妈在哪儿。 엄마는 어디에 계세요?

② 妈妈在家。 엄마는 집에 계세요.

(2) 지시대사 – 这/这儿, 那/那儿

가까운 거리의 사람이나 사물은 '这', 먼 거리의 사람이나 사물은 '那'로 가리킵니다. 여기에 '儿'을 붙이면 장소를 나타내는 지시대사가 되며, 화자와 가까울 때는 '这儿', 화자와 멀 때는 '那儿'을 사용합니다.

(3) 부정 – 'A는 B에 없다'라는 표현은 'A + 不在 + B'라고 한다.

① 妈妈不在家。 엄마는 집에 안 계십니다.

② 他不在咖啡店。 그는 커피숍에 안 계십니다.

중요 어순 체크!

◎ 조동사의 위치

- 주어 + 会 + 술어(+목적어)
- 주어 + 想 + 술어(+목적어)
- 동사의 위치
- 주어 + 在+ 장소

문형연습

❶ 我会做美容按摩。

我　做菜

我　说汉语

她　剪发

❷ 我想喝咖啡

他　看书

她　听音乐

我　买化妆品

❸ 明天去报名吧!

买书吧!

做头发吧!

喝咖啡吧!

❹ 我想用妈妈做的化妆品。

吃　做的面包

穿　买的衣服

喝　做的咖啡

⑤ 妈妈在家。

她　　商店
老师　那儿
爸爸　咖啡店

보충단어(과일)

苹果	píngguǒ	사과
梨	lí	배
橘子	júzi	귤
香蕉	xiāngjiāo	바나나
柿子	shìzi	감
甜瓜	tiánguā	참외
葡萄	pútáo	포도
西瓜	xīguā	수박
桃	táo	복숭아
草莓	cǎoméi	딸기

미용단어

顾客	gùkè	고객
镜子	jìngzi	거울
梳子	shūzi	빗
吹风机	chuīfēngjī	헤어드라이기
发夹	fàjiā	헤어핀
削发剪子	xuēfàjiǎnzi	미용가위
剃刀	tìdāo	면도칼
滚发刷	gǔnfàshuā	롤브러쉬
烫发衬纸	tàngfà chènzhǐ	퍼머지
烫发杠	tàngfà gāng	퍼머로트
电热梳	diànrèshū	헤어컬
塑料帽	sùliàomào	비닐캡

연습 문제

1 본문 내용에 따라 대답하세요.

① 你想喝什么?

➜ ______________________

② 你会做美容按摩吗?

➜ ______________________

③ 按摩培训班在哪儿?

➜ ______________________

④ 你会做什么?

➜ ______________________

2 괄호에 알맞은 단어를 쓰세요.

① 我(　　　)做化妆品。	...할줄 안다
② 我们(　　　)去咖啡店, 怎么样?	함께
③ 我(　　　)吃饭。	...고 싶다
④ 培训班(　　　)你家附近。	있다

3 나음 문징을 어순에 맞게 고쳐 보세요.

① 去 一起 我们 吧! (우리 함께 가요.)

➜ ______________________

② 妈妈 美容店 在(어머니는 이용실에 계신다.)

➜ ____________________

③ 妈妈 染发 想。(어머니는 염색하고 싶어하신다.)

➜ ____________________

④ 妈妈 做 会 菜。(어머니는 요리 만들줄 아신다.) *菜 요리

➜ ____________________

⑤ 我 喝 想 咖啡。(나는 커피 마시고 싶다.)

➜ ____________________

4 **다음 우리말을 중국어로 옮기세요.**

① 당신은 무엇을 마시고 싶은가요? 你 什么 喝 想

➜ ____________________

② 난 쇼핑하고 싶다. 我 买 东西 想

➜ ____________________

③ 운동화는 어디에 있나요? 运动鞋 哪儿 在

➜ ____________________

④ 나는 미용맛사지 할줄 안다. 我 做 美容 按摩 会

➜ ____________________

⑤ 엄마는 옷를입을줄 아신다(멋쟁이시다). 妈妈 穿 衣服 会

➜ ____________________

중국의 10대 명주

명주	산지	특징
茅台酒	贵州성 仁怀현	800여년의 역사를 갖고 있으며 110여가지 향을 지니고 있으며 마신 후 빈잔에 향기가 오랫동안 남아있다.
五粮液酒	四川성 宜宾	5종의 곡식을 원료로 한다.
汾酒	江西성 汾陽현	唐代 이전부터 1000여년의 역사를 갖고 있으며, 清香型백주의 전형이다.
古井贡酒	安徽성 亳현	1500여년의 역사를 갖고 있고 浓香型大曲형 백주이다.
西凤酒	陕西성 凤翔	2700여년의 역사를 갖고 있으며 수수를 주원료로 사용하고 샘물을 사용한다.
双沟大曲	江苏성 泗洪현	浓香型 大曲로 도수가 낮다.
洋河大曲	江苏성 泗阳현	전설에 의하면 清조의 乾隆황제가 두 번째로 강남을 여행할 때 洋河酒를 마시려고 일부러 이 부근에 머물러서 7일이나 술을 마셨다고 한다.
杜康酒	河南성 伊川현	질 좋은 밀, 수수 등을 원료로 杜康이 이 술을 빚었다고 하여 杜康酒라 칭하였다.
郎酒	四川성 二郎灘일대	깊은 골짜기에서 솟아오르는 샘물인 郎泉물로 술을 빚어 郎酒로 칭하였다. 郎酒 생산은 茅台酒 생산기술을 도입하였다.
孔府家酒	산동성 曲埠(곡부)	
泸州特曲酒		긴 발효시간과 고품질, 독특한 향이 특징이다.

중국인이 좋아하는 숫자

중국인이 가장 좋아하는 숫자는 '8'입니다. 八(bā)는 '돈을 벌다'를 의미하는 发财(fācái)의 发(fā)와 발음이 비슷하여 중국인들이 가장 선호하는 숫자이다.

'9'의 중국어 발음은 九(jiū)인데 '길다, 오래다'는 뜻을 의미하는 久(jiǔ)자와 발음이 같아 오래 살기를 바라는 뜻에서 九가 들어가는 날짜를 결혼 날짜로 많이 선택한다.

六(liù)는'순조롭다'는 뜻을 지닌 流(liú)와 발음이 비슷하기 때문에 선호하는 숫자로 인식된다.

중국인이 가장 싫어하는 숫자는 '4'입니다. 발음이 죽을 '사(死)'와 비슷하기 때문입니다.

제 11 과

我在美发厅等你。

wǒ zài měifàtīng děng nǐ.

(미용실에서 기다리겠어.)

새 단어

1	在	zài	전 ...에서
2	美发厅	měifàtīng	명 미용실
3	等	děng	동 기다리다
4	后天	hòutiān	명 모래
5	时间	shíjiān	명 시간
6	星期几	xīngqījǐ	명 무슨요일
7	星期六	xīngqīliù	명 토요일
8	星期天	xīngqītiān	명 일요일
9	个	ge	양 개
10	可以	kěyǐ	조 가능하다
11	有事儿	yǒu shìr	일이 있다
12	上午	shàngwǔ	명 오전
13	然后	ránhòu	접 그리고나서
14	吃	chī	동 먹다
15	午饭	wǔfàn	명 점심
16	哪儿	nǎr	대 어디
17	有名	yǒumíng	형 유명하다
18	给	gěi	동 주다
19	地址	dìzhǐ	명 주소

본문

A	后天有时间吗? hòutiān yǒu shíjiānma?	모레 시간 있어?
B	后天星期几? 星期六吗? hòutiān xīngqījǐ? xīngqīliùma?	모레 무슨 요일이야? 토요일이야?
A	后天不是星期六, 是星期天。 hòutiān búshì xīngqīliù, shì xīngqītiān.	모레는 토요일이 아니고 일요일이야.
B	这个星期天有点儿忙, 下个星期天可以。 zhègexīngqītiān yǒudiǎnr máng, xiàge xīngqītiān kěyǐ. 이번 일요일은 좀 바빠, 다음 주 일요일에 괜찮아.	
	有事儿吗? yǒu shìr ma?	용건이 있어?
A	我们上午去做头发, 然后一起吃午饭, 怎么样? wǒmen shàngwǔ qù zuò tóufà, ránhòu yìqǐ chī wǔfàn, zěnmeyàng? 우리 오전에 가서 머리하고, 그리고 점심 같이 먹으면 어때?	
B	好啊! 美发厅在哪儿? ǎo a! měifàtīng zài nǎr?	좋아. 미용실은 어디에 있어?
A	我家附近有一家美发厅, 很有名, 价格也不贵。 wǒjiā fùjìn yǒu yìjiā měifàtīng, hěn yǒumíng, jiàgé yě búguì. 우리 집 근처에 미용실이 있는데, 아주 유명하고 가격도 비싸지 않아.	
B	你给我地址。几点见? nǐ gěi wǒ dìzhǐ。jǐdiǎn jiàn?	주소 나에게 줘. 몇 시에 만날까?
A	好的。下个星期天上午11点, 我在美发厅等你。 hǎode。xiàgexīngqī tiān shàngwǔ 11diǎn, wǒ zài měifàtīng děng nǐ. 알겠어. 다음주 일요일 오전 11시에 미용실에서 기다리겠어.	

문법

❶ 在

(1) …에 있다(동사)

① 美发厅在哪儿? 미용실 어디에 있나요?

② 妈妈在家。 엄마는 집에 계세요.

(2) …에서(전치사)

의문대사 '哪儿'을 사용한 'A+ 在 +哪儿 + 동사'의 형태로 전치사(개사)구가 되어 동작이 어디에서 이루어지는지를 묻는 표현이 됩니다. 그리고 'A+ 在 + 장소 + 동사'의 형태로 어떤 행위가 어떤 장소에서 이루어짐을 표현하기도 합니다. 여기에서 '在'는 장소를 나타내는 전치사이다.

① 我在美发厅等你。 미용실에서 너를 기다릴게.

② 我在咖啡店见朋友。 나는 커피숍에서 친구 만난다.

(3) 진행형(…고 있는 중이다.)

동사술어 앞에 부사 '在'를 쓰면 어떤 동작이나 행위가 진행되고 있음을 나타낸다.

① 我弟弟在做作业。 내 남동생은 숙제를 하고 있다.

② 爸爸在看手机。 아빠는 휴대폰을 보고 있다.

❷ 요일 표현법

(1) 요일은 '星期' 뒤에 '一'에서 '六'까지의 숫자와 '天' 또는 '日'를 더해 표현합니다. '星期' 대신 '周'를 사용할 수 있습니다.

星期一	星期二	星期三	星期四	星期五	星期六	星期天(日)
월요일	화요일	수요일	목요일	금요일	토요일	일요일

① 今天星期几?　　오늘은 무슨 요일입니까?

今天星期三。　　오늘은 수요일입니다.

② 明天星期几?　　내일은 무슨 요일입니까?

明天星期四。　　내일은 목요일입니다.

(2) 这/上/下 + 星期(周) : 주를 세는 양사

'星期'를 세는 양사는 '个'이고 생략 가능하다.

- 这(个)星期有课。　　이번주에 수업 있어요.
- 上(个)星期没有课。　　지난주에 수업 없어요
- 下(个)星期休息。　　담주에 쉽니다.
- 一(个)星期有七天。　　일주일은 7일입니다.

중요 어순 체크!

◎ '在' 구문

- 주어 + 在(동사) + 목적어(장소).
- 주어 + 在(선지사) + 장소 + 술어(+목적어).

◎ 명사술어문

- 긍정 ⇒ 주어 + 명사 술어
- 부정 ⇒ 주어 + 不是 + 명사(구)

문형연습

❶ 美发厅在哪儿?

她　　商店
老师　　那儿
爸爸　　咖啡店

❷ 我在美容店做头发。

他　北京学习
妈妈　家运动

❸ 明天星期几?　　明天星期五。

今天　　星期四
后天(hòutiān 모레)　　星期六
前天(qiántiān 그제)　　星期二

❹ 我们上午去做头发。

妈妈明天　　买东西
我　　吃饭
我　　喝咖啡

5 一起吃午饭，怎么样？

做头发

学美容

买东西

보충단어(장소명사)

商店	shāngdiàn	상점
书店	shūdiàn	서점
饭馆儿	fànguǎr	식당
超市	chāoshì	슈퍼마켓
网吧	wǎngba	PC방
医院	yīyuàn	병원
百货商店	bǎihuòshāngdiàn	백화점
咖啡店	kāfēidiàn	커피샵
地铁站	dìtiězhàn	지하철역
银行	yínháng	은행
邮局	yóujú	우체국
机场	jīchǎng	공항
粥店	zhōudiàn	죽집
加油站	jiāyóuzhàn	주유소
公安局	gōngānjú	경찰서

미용단어

刘海	liúhǎi	명 앞머리
卷	juǎn	동 말다, 감다
大卷	dàjuǎn	명 굵은 웨이브
小卷	xiǎojuǎn	명 작은 웨이브
洗头发	xǐtóufā	동 머리를 감는다
卷发	juǎnfà	명 동 파마, 머리를 곱슬곱슬하게 지지다
自来卷	zìlái juǎn	명 곱슬머리
烫直	tàngzhí	동 스트레이트파마하다
修剪	xiūjiǎn	동 (손톱 따위를) 가위질하여 다듬다
吹	chuī	동 (헤어를) 드라이하다

연습 문제

1 본문 내용에 따라 대답하세요.

① 今天星期几?

➜ ______________________________

② 你在哪儿做头发?

➜ ______________________________

③ 爸爸在哪儿工作?

➜ ______________________________

④ 你在哪儿买东西?

➜ ______________________________

2 괄호에 알맞은 단어를 넣으세요.

① 明天你(　　　)时间吗?	있다
② 我们(　　　)(　　　)吃午饭, 好吗?	함께
③ 我们(　　　)哪儿见面?	…에서
④ 明天(　　　)几?	요일

3 다음 문장을 부정문으로 바꾸세요.

① 星期天有时间。

➜ ______________________________

② 我做头发。

➜ ______________________________

③ 今天星期一。

➜ ______________________________

④ 我有事儿。

➜ ______________________________

4 다음 문장을 중국어로 옮겨보세요.

① 당신은 어디서 커피 마십니까? 你 哪儿 在 咖啡 喝

➜ ______________________________

② 나는 서점에서 책을 본다. 我 书店 书 看

➜ ______________________________

③ 엄마는 미용실에서 머리 커트한다. 妈妈 美容店 在 头发 剪

➜ ______________________________

④ 나는 학원에서 피부미용을 배웁니다. 我 补习班 在 皮肤美容 学

➜ ______________________________

표현 익히기

绕口令(잰말놀이)

'绕口令(ràokǒulìng)'이란 발음이 비슷한 단어를 나열하는 놀이로 발음을 연습하는데 도움이 된다. 큰 소리로 읽고 발음을 연습해 보도록 하자.

① 四是四, 十是十;
Sì shì sì, shí shì shí;
4는 4이고, 10은 10이다.

② 十四是十四, 四十是四十。
Shísì shì shísì sìshí shì sìshí.
14는 14이고 40은 40이다.

③ 吃葡萄, 不吐葡萄皮。
Chī pútao bú tùpútao pí.
포도를 먹고서, 포도껍질을 뱉지 않는다.

④ 不吃葡萄, 倒吐葡萄皮。
Bù chī pútao, dào tù pútao pí.
포도를 먹지 않고 오히려 포도껍질을 뱉는다.

중국의 교육

중국의 학교 교육은 한국과 비슷하나 다소 차이가 있다. 모든 교과과정의 1학기가 9월에 시작하고 3월이 2학기가 되죠. 중국의 학교는 小学(xiǎoxué), 中学(zhōngxué), 大学(dàxué)으로 분류된다. 小学는 초등학교에 해당하며 中学는 중학교(初中 chūzhōng), 고등학교(高中 gāozhōng)의 합칭이다. 대학에 진학하기 위하여 高考(gāokǎo) (한국의 대학수학능력시험과 비슷)에 응시해야 하며 중국의 교육열은 한국을 초과한다. 高考는 매년 6월 6일, 7일, 8일 3일간 실시되는데, 최근에는 해외 유학파와 조기취업자들이 많아 高考 응시생이 줄어들고 있다. 고등학교 졸업후 바로 취업을 원하는 사람들이 늘어나는 현실은 대학 졸업 후 취업난이 심해지고 있다는 방증이기도 하다.

제 12 과

我给你介绍一个女朋友。

wǒ gěinǐ jièshào yígè nǚpéngyou.

(내가 여자친구 하나 소개해줄게.)

새 단어

1	给	gěi	전 동 …에게, 주다
2	介绍	jièshào	동 소개하다
3	啊	a	조 어기조사
4	在	zài	부 …하고 있는 중이다
5	睡觉	shuìjiào	동 잠을 자다
6	怎么	zěnme	대 어떻게, 어찌
7	真	zhēn	형 진실하다, 정말이다
8	当然	dāngrán	형 당연하다, 물론이다
9	留学生	liúxuéshēng	명 유학생
10	今年	jīnnián	명 올해, 금년
11	多大	duōdà	(나이가) 얼마인가
12	岁	suì	명 (나이의) 세, 살
13	现在	xiànzài	명 현재, 지금
14	时候	shíhou	명 때, 시각
15	半	bàn	수 반, 절반

본문

A 喂! 我是小明啊! 你在做什么?
Wéi! wǒ shì xiǎomíng a! Nǐ zài zuò shénme?
야! 나 샤오밍이야! 넌 무엇을 하고 있어?

B 是你啊! 我在睡觉。
Shì nǐ a! Wǒ zài shuì jiào.
너구나! 나는 자고 있어.

A 你怎么还在睡觉?
Nǐ zěnme hái zài shuì jiào?
너 왜 아직까지 자고 있어?

B 今天没有课。
jīntiān méiyǒu kè。
오늘 수업이 없어.

A 我给你介绍一个女朋友, 怎么样?
Wǒ gěi nǐ jièshào yí gè nǚ péngyou, zěnmeyàng?
내가 여자 친구 소개해주면 어때?

B 真的? 漂亮吗?
zhēn de? Piàoliang ma?
정말? 예쁘니?

A 当然漂亮。她是中国留学生。
dangrán Piàoliang. Tā shì Zhōngguó liúxuéshēng.
물론 예쁘지. 그녀는 중국유학생이야.

B 她今年多大了?
Tā jīnnián duōdà le?
그녀는 올해 몇 살이야?

A 她今年二十二岁。你想见吗?
tā jīnnián èrshíèrsuì。nǐ xiǎngjiàn ma?
그녀는 올해 스물두 살이야. 만나고 싶어?

B	好啊! 什么时候见? Hǎo ā! Shénme shíhou jiàn?	좋지! 언제 만나?
A	今天中午, 怎么样? Jīntiān Zhōngwǔ, zěnmeyàng?	오늘 점심에 어때?
B	现在几点了? Xiànzài jǐ diǎn le?	지금 몇시야?
A	现在十一点。 Xiànzài shíyī diǎn.	지금 11시야.
	中午12点半在咖啡馆见。 Zhōngwǔ, shíèrdiǎn bàn zài kāfēiguǎn jiàn.	정오 12시반에 커피숍에서 만나.

문법

❶ 요일, 시간, 나이 등 수자를 나타낼 때 '是'를 생략하고 명사가 직접 술어로 쓰일 수 있다.

① 现在三点一刻。 지금은 3시 15분이다.

② 我今年二十岁。 나는 올해 20살이다.

(1) 시간 표현(点, 分, 刻)

'点'은 '시', '分'은 '분','刻'은 '15분'을 의미합니다. '分'은 생략하기도 합니다. '刻'은 '15분', '45분'에만 적용하여 '一刻', '三刻'으로 표현합니다. 30분은 '刻'를 사용하지 않고 '半'을 사용합니다.

(2) 시간표현법

① 点(시) – 30分(분)

1:00	3:00	7:30	12:30
一点	三点	七点半	十二点半

② 分(분)

1:05	6:20	12:50
一点零五分	六点二十分	十二点五十分

③ 刻 – '一刻', '三刻'에만 사용하고, 30분은 '两刻'로 표현하지 않고 '半'으로 표현한다.

1:15	3:15	8:45	9:45
一点一刻	三点一刻	八点三刻	九点三刻

④ 差 – 9:55을 '10시 5분전'이라고 표현하듯 중국어도 '差'로 표현한다.

9:55	12:55	4:45
差五分十点	差五分一点	差一刻五点
十点差五分	一点差五分	五点差一刻

2 给

전치사 '给'는 '…에게'라는 의미로 그 뒤에는 대부분 사람을 지칭하는 명사가 온다. '给+사람'은 술어 앞에 놓인다.

① 我给他介绍了一个女朋友。 나는 그에게 여친을 소개시켜 주었다.

② 爸爸给我买了手机。 아빠가 나에게 휴대폰을 사주셨다.

중요 어순 체크!

◎ **전치사 '给' 구문**

• 주어 + 给 + 목적어 + 동사 + 목적어

문형연습

❶ 我每天7点起床。

他　　8点上班

我们　11点睡觉

❷ 你怎么还在睡觉?

他　　看书

小明　上网

妈妈　买东西

❸ 我给你介绍一个女朋友。

送一件生日礼物

买一个手机

❹ 她今年多大了?

你

弟弟

妹妹

보충단어(음식맛)

酸	suān	시다
甜	tián	달다
苦	kǔ	쓰다
辣	là	맵다
咸	xián	짜다
淡	dàn	싱겁다
腻	nì	느끼하다
腥	xīng	비리다
涩	sè	떫다
酸甜	suāntián	새콤달콤하다
清淡	qīngdàn	담백하다

미용단어

脸型	liǎnxíng	얼굴형
适合	shìhé	알맞다, 적합하다
刮脸	guāliǎn	면도하다
全身美容	quánshēn měiróng	전신미용
皮肤护理	pífūhùlǐ	스킨케어, 피부관리
修指甲	xiū zhǐjiǎ	손톱 손질하다.
修脚趾甲	xiūjiǎozhǐjiǎ	발톱 손질하다.
除斑	chúbān	주근깨 제거

연습 문제

1 다음 시간을 중국어로 표현하세요.

1:00 ____________ 8:10 ____________

3:15 ____________ 9:30 ____________

5:55 ____________ 7:45 ____________

11:59 ____________ 4:15 ____________

2 주어진 단어를 알맞은 순서로 배열하여 문장을 완성하세요.

① 我 给 介绍 了 一个女朋友 他。

➜ ____________

② 多大了 弟弟?

➜ ____________

③ 星期一 今天。

➜ ____________

④ 你 还在 睡觉 怎么?

➜ ____________

3 아래의 중국어를 한국어로 옮기세요.

① 星期六没有课。

➜ ____________

② 我每天12点睡觉。

➜ ______________________________

③ 中午12点在咖啡店见朋友。

➜ ______________________________

④ 星期一晚上做头发。

➜ ______________________________

⑤ 朋友给我介绍了工作。

➜ ______________________________

4 아래의 문장에서 틀린곳을 고치세요.

① 你几点睡觉吗?

➜ ______________________________

② 我上课8点。

➜ ______________________________

③ 明天几星期?

➜ ______________________________

④ 我早上起床8点。

➜ ______________________________

⑤ 他介绍给女朋友。

➜ ______________________________

5 **아래의 문장을 중국어로 옮기세요.**

① 몇시에 커피 마시나요? 几 点 咖啡 喝

➜ ______________________________

② 토요일에는 미용실에서 머리 합니다. 星期六 美容院 头发 做 在

➜ ______________________________

③ 오늘은 무슨 요일인가요? 今天 几 星期

➜ ______________________________

④ 수요일 오후 두시에 친구 만납니다. 星期三 下午 两点 朋友 见

➜ ______________________________

⑤ 내가 너에게 중국 친구 한 명을 소개해 줄게.

我 给 你 中国 朋友 介绍 一个

➜ ______________________________

표현 익히기

중국의 외래어

중국어는 표음문자를 사용하지 않기 때문에 외래어의 경우에는 음역을 하든, 의역을 하든 새로 단어를 만들어야 한다. 경우에 따라 음역을 하기도 하고 의역을 하기도 하며 이 두 가지를 모두 사용해서 단어를 만들기도 한다. 본문에 나온 '咖啡馆'과 같은 단어는 어떤 것들이 있는지 살펴보자.

(1) 음역

① 汉堡 hànbǎo　　햄버거

② 可口可乐 kěkǒukělè　　코카콜라

③ 巧克力 qiǎokèlì　　초콜릿

(2) 의역

① 热狗 règǒu　　핫도그

② 电脑 diànnǎo　　컴퓨터

③ 汽水 qìshuǐ　　사이다

(3) 음역 + 의역

① 因特网 yīntèwǎng　　인터넷

② 迷你裙 mínǐqún　　미니스커트

③ 星巴克 xīngbākè　　스타박스

제 13 과

太贵了，便宜一点儿。

tàiguì le, piányi yìdiǎnr.

(너무 비싸요, 좀 깎아주세요.)

새 단어

1	贵	guì	형 비싸다
2	便宜	piányi	형 동 값이 싸다, 값을 깎다
3	可以	kěyǐ	동 …해도 좋다.
4	想	xiǎng	능동 …하고 싶다, …하려고 하다
5	生日	shēngrì	명 생일
6	礼物	lǐwù	명 선물
7	月	yuè	명 (날짜의) 월
8	号	hào	명 (날짜의) 일
9	小姐	xiǎojie	명 아가씨, Miss
10	要	yào	동 필요하다, 원하다
11	送	sòng	동 선물하다, 보내다
12	多少钱	duōshao qián	얼마입니까
13	块	kuài	양 콰이(화폐단위)
14	找	zhǎo	동 (돈을) 거슬러 주다

본문

A	今天五月一号，是妈妈的生日。 jīntiān wǔyuèyīhào, shì māmāde shēngrì.	오늘이 5월 1일이에요. 엄마 생신이에요.
	我想送妈妈一件生日礼物。 wǒ xiǎng sòng māmāyíjiàn shēngrìlǐwù.	어머니께 생일선물을 드리고 싶어요.
B	好主意！你想送什么？ hǎo zhǔyì! nǐ xiǎng sòng shénme?	좋은 생각이예요! 무엇을 선물하고 싶어요?
A	我想送韩国化妆品。 wǒ xiǎng sòng hánguó huàzhuāngpǐn.	한국 화장품을 선물하고 싶어요.
B	您看，这种化妆品怎么样？ Nín kàn zhèzhǒng huàzhuāngpǐn zěnmeyàng?	당신 보기엔 이 화장품은 어때요?
A	很好，多少钱？ Hěnhǎo, duōshaoqián?	아주 좋아요. 얼마인가요?
B	八百五十块一套。 bābǎiwǔshíkuài yítào.	한세트에 팔백오십웬이예요.
A	太贵了，便宜一点儿，可以吗？ Tài guì le, piányi yìdiǎnr, kěyǐ ma?	너무 비싸군. 좀 싸게 안 될까요?
B	八百块，怎么样？ bābǎikuài, zěnmeyàng?	팔백웬 어때요.
A	好吧。 Hǎo ba.	좋아요.

B	您还要什么? Nín hái yào shénme?	당신 또 뭐 필요하세요?
A	不要了。给你钱。 Búyàole. Gěi nǐ qián.	필요없어요. 돈 드릴게요.
B	小姐, 找您二百块钱。 xiǎojie, zhǎonín èrbǎikuài qián.	아가씨, 2백원 거슬러 드릴게요.
A	谢谢! xièxie!	고마워요!

문법

❶ 送妈妈生日礼物。

'送', '给', '找' 등의 동사는 목적어 두 개를 나란히 쓸 수 있는데 첫 번째 목적어는 동작을 부여하는 대상(사람 등)을 지칭하고 두 번째 목적어는 부여하는 구체적인 목적물(물건 등)을 지칭한다.

① 我送妈妈生日礼物。 나는 어머니에게 생일선물을 보낸다.

② 他找了我5块钱。 그는 나에게 5웬을 거슬러 주었다.

③ 我给你一个护手霜。 * hùshǒushuāng 핸드크림 내가 너에게 핸드크림 하나 줄게.

❷ 날짜와 물건가격(명사 술어문)

(1) 요일, 나이, 시간 외에 날짜나 물건가격을 이야기할 때에도 주어 뒤에 '是'를 생략할 수 있다. 이런 경우 명사 술어문이 된다.

① 明天几月几号？ 내일은 몇월 몇일입니까?

② 今天三月一号。 오늘은 3월 1일입니다.

③ 这个化妆品八百块。 이 화장품은 800원입니다.

④ 面膜九百块。 마사지 팩은 900원입니다.

(2) 주어 뒤에 '是'를 사용해도 가능하다.

① 今天是四月三号。 오늘은 4월 3일입니다.

② 我的生日是十月十号。 내 생일은 10월 10일입니다.

❸ 多少와 几

일반적으로 10이 넘는 수자를 질문할 때 '多少'를 사용하고 10 미만의 수자를 질문할 때 '几'를 사용한다. 가격을 물을 때는 '多少钱?'으로 질문한다.

① 这个化妆品多少钱？ 이 화장품은 얼마예요?

② 你有几个苹果？(píngguǒ 사과) 당신은 사과 몇 개 있나요?

중요 어순 체크!

◎ 이중목적어 구문

- 주어 + 동시 술어 + 간접목적어 + 직접목적어
  我 给 你 钱

문형연습

❶ 今天六月三号。

昨天　　二号

明天　　四号

昨天 * zuótiān 어제

❷ 我送妈妈一件生日礼物。

他一本汉语书

朋友一个手机

弟弟一个苹果

❸ 你还要什么?

你　喝

你　买

他　看

❹ 我给你钱。

教他电脑

问你一个问题

送妈妈化妆品

보충단어(옷)

旗袍	qí páo	중국전통 여자옷
唐装	táng zhuāng	남자 의상
婚纱	hūn shā	웨딩드레스
西装	xī zhuāng	양복
裤子	kù zi	바지
短裤	duǎn kù	반바지
裙子	qún zi	치마
衬衫	chèn shān	와이셔츠
领带	lǐng dài	넥타이
牛仔裤	níu zǎi kù	청바지
休闲服	xīu xián fú	케주얼복
外套	wài tào	겉옷
睡衣	shuì yī	잠옷

미용단어

干性皮肤	gānxìng pífū	건성피부
油性皮肤	yóuxìngpífū	유성피부
敏感性皮肤	mǐngǎnxìng pífū	민감성피부
复合性皮肤	fùhéxìng pífū	복합성피부
美白	měibái	미백하다, 희게 하다
保湿	bǎoshī	보습하다
去痘	qù dòu	여드름제거하다
滋养	zīyǎng	자양하다, 영양을 공급하다
面膜	miànmó	마사지 팩

연습 문제

1 본문 내용에 따라 대답하세요.

① 商店的东西贵吗?

→ ______________________

② 化妆品多少钱?

→ ______________________

③ 今天是谁的生日?

→ ______________________

④ 太贵了，便宜一点儿可以吗?

→ ______________________

⑤ 您还要什么?

→ ______________________

2 괄호에 알맞은 단어를 넣으세요.

① 我(　　　)送朋友一件礼物。	…하고 싶다
② 您(　　　)要什么?	또
③ 我(　　　)妈妈生日礼物。	선물하다
④ (　　　)贵了，便宜一点儿。	너무

3 다음 문장을 바르게 고치세요.

① 我送一件礼物妈妈。(나는 엄마에게 선물 하나를 드렸다.)

➜ ______________________________

② 化妆品钱多少? (화장품은 얼마인가요?)

➜ ______________________________

③ 我送化妆品想。(나는 화장품을 선물하고 싶다.)

➜ ______________________________

④ 太贵了, 一点儿便宜。(너무 비싸요. 좀 싸게 해주세요.)

➜ ______________________________

4 우리말을 중국어로 옮기세요.

① 친구에게 선물 하나를 하려고 해요. 我 送 朋友 一件 礼物 想

➜ ______________________________

② 이 핸드폰은 얼마예요? 这 个 手机 多少 钱

➜ ______________________________

③ 너무 비싸요. 좀 깎아주세요. 太 贵 了 一点儿 便宜 吧

➜ ______________________________

④ 오늘은 엄마 생일이야. 나는 엄마에게 생일선물을 드리려고.

今天 妈妈 的 是 生日 我 送 妈妈 生日礼物 想

➜ ______________________________

표현 익히기

✱ 중국어로 전화를 걸거나 받을 때 자주 사용하는 표현은 다음과 같다.

① 喂, 王明在吗? 여보세요? 왕명이 있어요?
wéi, WángMíng zài ma?

② 请等一下! 잠시만 기다리세요.
Qǐng děng yíxià!

③ 请王明听电话。 왕명 좀 바꿔주세요.
Qǐng WángMíng tīng diànhuà.

④ 他不在。 그 사람이 지금 없어요.
Tā bú zài.

⑤ 我就是(王明)。 제가 바로 왕명인데요. / 바로 전데요.
Wǒ jiù shì(WángMíng).

⑥ 现在占线。 지금 통화중입니다.
Xiànzài zhànxiàn.

저자소개

강태월

명지전문대학 뷰티매니지먼트과 강의부교수

실용 미용중국어

발 행 일 | 2020년 10월 23일
저 자 | 강 태 월
발 행 인 | 최 봉 조
발 행 처 | 진샘미디어
주 소 | 서울시 은평구 연서로 5길 28 부호아파트 102동 상가 5호
전 화 | 02)353-4421 / FAX 02)353-4431
홈페이지 | www.jinsaem.co.kr

신고번호 | 제311-2005-000025호
ISBN | 979-11-88791-08-8 93720

정가 13,000원